JN186876

読んで効く

タウリンのはなし

村上茂 監修
国際タウリン研究会日本部会 編著

元気が出る
だけじゃない！
生活習慣病、
美容にも効く！

成山堂書店

本書の内容の一部あるいは全部を無断で電子化を含む複写複製（コピー）及び他書への転載は，法律で認められた場合を除いて著作権者及び出版社の権利の侵害となります。成山堂書店は著作権者から上記に係る権利の管理について委託を受けていますので，その場合はあらかじめ成山堂書店（03-3357-5861）に許諾を求めてください。なお，代行業者等の第三者による電子データ化及び電子書籍化は，いかなる場合も認められません。

10 Questions about Taurine.

本書の主役である「タウリン」。
名前だけは聞いたことがあるけれども、
具体的な効能はあまり認知されていません。
編著者を代表して、福井県立大学の村上茂教授に
タウリンについての10の質問をしてみました。

Q タウリンって実際どんなものですか？

純粋なタウリンは無味無臭の水溶性の白い粉で、ほとんどの動物組織に含まれています。ヒトの体内には約60グラム（体重の0.1％）のタウリンが存在し、一部は体内で合成されます。栄養ドリンクに添加されているタウリンは、化学合成されたものです。

Q タウリンはいつごろから利用されてきたのですか？

発見されたのは18世紀ですが、中国では紀元前から漢方薬の牛黄の成分として、強心、解毒、滋養強壮、不老長寿などを目的に使用されてきました。化学合成されたタウリンが栄養ドリンクに添加されたのは戦後のことです。

Q タウリンが不足するとどうなるの?

ヒトでは明らかなタウリンの欠乏症は報告されていませんが、遺伝的に体内のタウリンを減少させたマウスやタウリンの要求性が高いネコでは、欠乏により心臓をはじめとするさまざまな臓器で機能異常が見られます。

Q タウリンの意外な効果を教えて!

アルコールの代謝を早めたり、アルコールの代謝で生じる酢酸と結合して尿中排泄を促進していることがわかってきました。また、タウリン誘導体のアカンプロサート(アセチルホモタウリン)は、飲酒欲求を低減させるアルコール依存症治療薬として使われています。

Q 生命の進化に役立ってきたってホント?

生物におけるタウリンの最も重要な作用として、浸透圧調節作用があります。海に生息する生物は海水の浸透圧から身を守るためにタウリンを獲得、利用してきたと考えられており、生物が進化して陸に上がった後も、体内で浸透圧調節物質として働いています。

タウリンには明日を
よりよくするための効果がいっぱい

Q　どんな生活習慣病にタウリンが効果を示すの？

世界的な疫学調査から、食事からのタウリン摂取量が多いほど循環器疾患による死亡率が低く、また血中コレステロール、血圧、肥満度なども低値であることが報告されています。

Q　子供がタウリンを摂取しても問題ないですか？

胎児や乳幼児の成長に必要であり、通常は母体（胎盤）や母乳を通してタウリンが供給されています。タウリンは生体内物質で安全性の高い物質ですが、大量のタウリン摂取は軟便や下痢などの消化管障害を引き起こすおそれがあります。

Q　どこに行けば手に入るものですか？

日本では化学合成されたタウリンは医薬品扱いであり、肝機能改善と心不全の治療薬として医師から処方されます。一方、海外では合成タウリンは食品扱いのため、サプリメントとしてドラッグストアやインターネットで購入することができます。

Q 摂れば摂るほど効き目のあるものなのですか…？

一度に大量のタウリンを摂取してもほとんどは尿に排泄されてしまいます。ミトコンドリア脳症の治療など特殊な場合を除き、健康維持や生活習慣病予防のためには日々の食事から継続的にタウリンを摂取し、体内のタウリン量を維持しておくことが重要と考えられます。

Q 食事で効率的に摂るにはどうすれば良い？

タウリン含量の多い魚介類を積極的に食べるのが良いでしょう。タウリンは水によく溶けるため、食材を長時間水に漬けたり、水で煮てしまうと、タウリンは外に出ていってしまうため、注意が必要です。

ここでは紹介しきれなかった
効果がまだまだたくさんあります。
さあ、タウくんとともに
第一線で活躍されている先生方の
タウリンの授業を始めましょう！

タウくん

ようこそ！驚異の分子『タウリン』の世界へ！

はじめに

テレビコマーシャルの影響で、日本ではタウリンという名前はよく知られています。タウリンってなんとなく体によさそう、というイメージをお持ちの方もおられるでしょう。タウリンはわれわれの体の中に６０ｇほど存在していますが、タウリンがどのような物質であるのか、一般にはあまり知られていません。実はタウリンは、生命の誕生・進化と密接に関係している物質であり、細胞や臓器が正常に機能するように、機械の潤滑油のような働きをしている物質と考えられています。

生物の約３８億年の歴史の中で、体の正常な機能（恒常性）を維持するために利用されてきたのがタウリンであるといえます。タウリンの作用は穏やかですが、少なくとも実験動物を用いた試験では高血圧、糖尿病、肥満、脂質異常症、動脈硬化、脂肪肝、認知症（脳機能）などの生活習慣病をはじめとし、実に多くの病気に対して、予防や進展抑制作用が認められています。ただし、それらの効果がタウリンの持つどのような作用によるものか、いわゆるタウリンの作用メカニズムは未だ十分に解明されていないのが現状です。また、動物や培養細胞を用いた研究に比べ、タウリンをヒトに投与した研究は少なく、動物で見られるタウリンの作用がヒトでも同様に見られるかどうか、今後確認していく必要があります。

タウリンに関する国際学会(International Taurine Meeting)は1975年以降、約2年おきに世界各国で開催され、2016年の大会が第20回大会となります。日本はタウリン研究が盛んな国ですが、これまでタウリン研究者が集まって成果を発表し、議論する場がありませんでした。日本のタウリン研究の第一人者であった東純一教授（大阪大学名誉教授・兵庫医療大学名誉教授）からの提案で、2014年8月に念願であった国際タウリン研究会を設立しました。残念ながら東先生はその年に他界されましたが、東先生の遺志を引き継ぎ、2015年2月に第1回の日本部会を神戸で開催することができました。国際タウリン研究会ではタウリン研究の促進だけでなく、一般の方々にタウリンの真の姿を知っていただくための活動にも力を入れていきたいと考えています。また、2016年5月に韓国のソウルで開催された第20回International Taurine Meetingにて、タウリン研究の国際的な組織としてInternational Taurine Societyの設立が決定しました。米国・南アラバマ大学のDr. Schafferが会長となり、ニューヨーク市立大学のDr. Idrissi、コペンハーゲン大学のDr. Mortensen、福井県立大学の村上の3名がそれぞれ、米国、欧州、アジアの代表理事として、研究会を推進していくことになりました。このように、日本および世界でのタウリン研究の組織が整備されたことで、今後、国際レベルでタウリン研究がますます盛んになり、タウリンの作用の解明と産業利用が進んでいくことが期待されます。

日本で第1回のタウリン研究会を開催した頃、成山堂書店から一般の人を対象にタウリンを解説した書籍の出版のお話をいただきました。現在、タウリンの作用を解説した書籍は販売されておりません。本書ではタウリンにはどのような作用があるのか、またタウリンの生理作用がどこまで明らかになっているのか、正確な情報をできるだけわかりやすく提供したいと考えています。本書は国際タウリン研究会が中心となり、それぞれの領域におけるタウリン研究の第一人者の先生方に執筆をお願いしました。やや専門的な記載もありますが、タウリン発見の歴史から最先端のデータまで、現在わかっているタウリンに関するほぼすべての情報を網羅してあります。

タウリンは魚介類や海藻などの海の幸に多く含まれ、われわれ日本人は和食の食材としてこれらの海産物を長年利用してきました。タウリンは日本人の健康や長寿を支えてきた食成分である可能性があります。タウリンの本質的な作用を理解していただき、タウリンを豊富に含むこれらの食材を日々の食事で上手に活用することにより、健康維持や病気の予防に役立てていただければ幸いです。

２０１６年１０月

村上　茂

目次

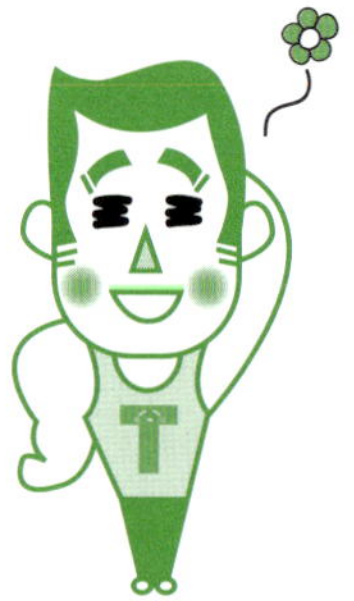

序盤ではタウリンそのものや
身近なこととの関係を説明するよ
日常生活につながる情報が満載です！

3・4章で健康や寿命との
関係性を解説するよ
日本人の長寿は
タウリンが支えていた…？

第1章　タウリンとは

1．タウリンってどんな物質？

（1）タウリンの歴史

タウリンは、薬局やコンビニで販売されている栄養ドリンクの成分としておなじみで、「名前は聞いたことがある」という方も多いのではないでしょうか。ですが、タウリンとはそもそもどんな物質なのでしょうか？

タウリンは今から200年ほど前の1827年に、ドイツの2人の科学者、ティーデマン（Tiedemann）とグメリン（Gmelin）により牛の胆汁から発見され、雄牛を表すラテン語のタウルス（Taurus）にちなみ、タウリン（Taurine）と命名されました。しかし中国では、それよりはるか昔から、タウリンが漢方薬の1成分として使われていたことがわかっています。漢方薬の「牛黄（ゴオウ）」は、中国において紀元前から強心、鎮静、解毒、疲労回復、滋養強壮、不老長寿などを目的に使用されてきました。牛黄はウシの胆汁中にできる胆石で、千頭に1頭の割合でしか見つからない貴重なもので、中国では金より珍重されていました。日本でも奈良時代には、中国から輸入された牛黄が使用されていたとの記録が

図1－1　薬局の棚に並んだ栄養ドリンク

残っています。後の分析で、牛黄にはタウリンが含まれていることがわかりました。タウリンは化合物として発見される前から、健康維持や病気の予防・治療に使われていたのです。

タウリン発見の経緯からわかるように、タウリンが胆汁中に含まれ、コレステロールの代謝物である胆汁酸と結合することで、胆汁酸の代謝に深く関わっていることは古くから知られていました。１９５０年から１９６０年代にかけて、体内のタウリンがどのような経路でつくられるのか、投与したタウリンが体のどこに分布するのかなどが検討され、心臓の機能増強作用（強心作用）、肝臓の保護作用（肝障害予防・改善作用）、筋肉の損傷抑制作用、こむら返り改善作用、てんかん抑制作用、目の網膜機能維持作用、ホルモン分泌促進作用などが動物やヒトで明らかにされました。１９７０年代に入って研究が進み、さらに多くのタウリンの作用が解明されていきます。特に胎児の発育におけるタウリンの重要性や、タウリン不足のネコにおける失明や心筋症の発症は、大きなトピックスとして取り上げられました。また最近、遺伝的に体内のタウリン量を減少させたマウスにおいて寿命短縮、老化促進、臓器の機能低下などが見られることが明らかとなってきました。

タウリンは厳密な分類ではアミノ酸ではありませんが、構造はアミノ酸と類似しており、分子内に硫黄を有することから「含硫アミノ酸」と呼ばれています。

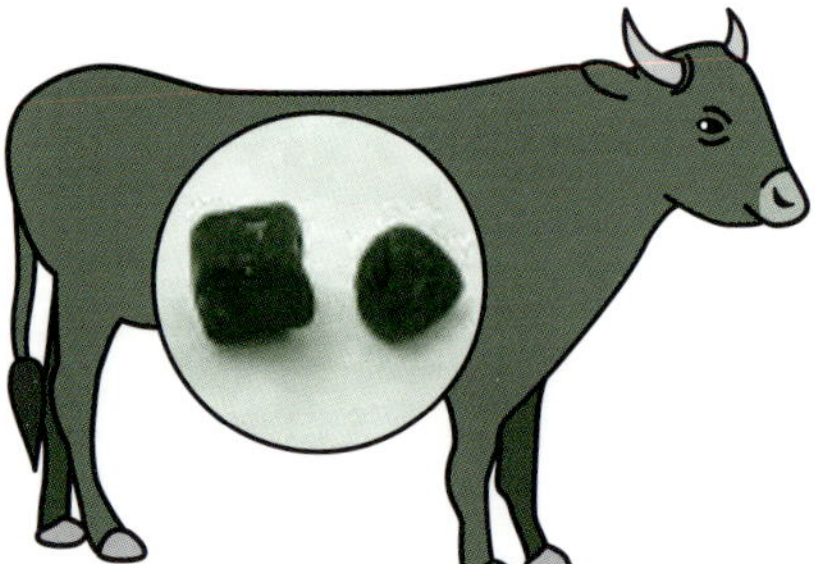

図１－２　牛黄（ウシの胆石）

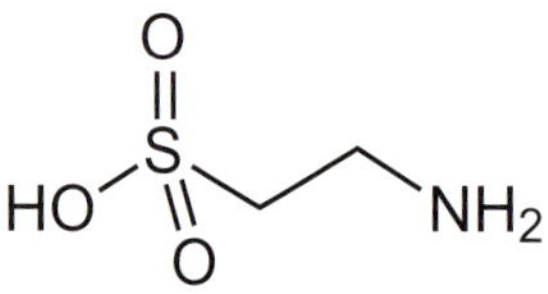

図１－３　タウリンの構造式

純度の高いタウリンは無味無臭の白い粉末です。通常のアミノ酸は体内でタンパク質を合成する際の原料になりますが、タウリンは構造的にタンパク質の原料とはなりえず、ほとんどタウリン単体で体内に存在しています。タウリンは、ほぼすべての生物の体内に存在し、ヒトの体には体重の約０・１％含まれています。体重６０kgのヒトでは、約６０gのタウリンが体の中に存在していることになります。これまでの研究から、タウリンがほぼ全身の組織に存在し、細胞や臓器が正常に働けるように細胞内の環境を整えたり、外部環境の変化から細胞を保護する役割を担っていることは間違いなさそうです。しかし、それがどのような作用に基づくかは、まだ十分に解明されていません。

タウリンがどのような物質で、どんな作用があるかを一言で表現するのはなかなか難しいのですが、タウリンの特徴を表す象徴的な言葉や文章がいくつかあります。タウリン研究の第一者であったアリゾナ大学のハクスタブル教授は、１９９６年に出版された総説の中でタウリンについて「この興味深いアミノ酸（タウリン）にはいろいろな作用のあることがわかっているが、科学的にはまだミステリー（謎）である」と述べています。また、２００９年にフロリダで開催された国際タウリンミーティングの際に掲げられたスローガンは、「驚異の分子タウリン（Taurine: a wonder molecule）」でした。これは、小さく単純なタウリン分子がなぜ多くの作用を示すのか？という驚きと疑問、同時にタウリンの持つ魅

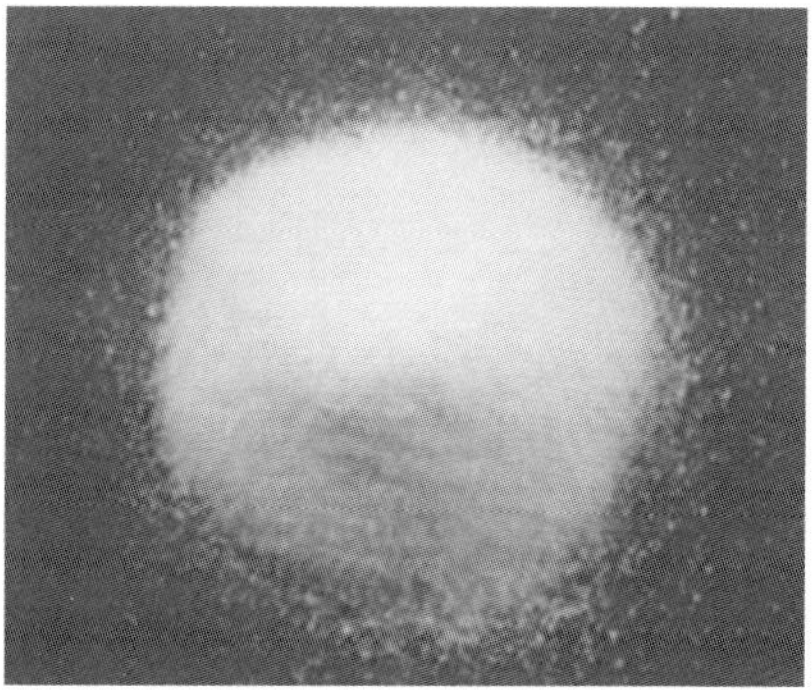

図１－４　タウリンの粉末

力を表しています。２０１４年の国際タウリンミーティングでは、「タウリンは必要不可欠なアミノ酸（Taurine- a “very essential” amino acid）」というスローガンになっており、タウリンが生体の機能維持にとても重要である、というメッセージが込められています。

後で詳しく述べますが、はるか昔、海で誕生した最初の生命が過酷な環境から体を守り、細胞の機能を維持するためにタウリンを使っていた可能性が高いのです。それから約３８億年が経ち、生物が海から陸上に上がり、さらに進化したわれわれヒトにおいても、タウリンは体の機能を正常に保つため、体の中で働いているのです。タウリンは機械を円滑に動かすための潤滑油にも例えられることからも、細胞や臓器が働きやすい環境を整え、生命活動を陰で支える存在であるといえます。次節から、様々な作用を持つ「タウリンの謎」について紹介していきます。

（2）天然タウリンと合成タウリン

タウリンを含む製品の代表である栄養ドリンクには、通常1本あたり1gから3gのタウリンが含まれています。タウリンには動物の胆汁や魚介類から抽出された天然のものと、化学的に合成されたものがあります。もちろん、どちらも同じ物質ですが、天然のタウリンは抽出や精製に手間がかかるため、原料価格は合成品に比べて５００倍以上高額です。そのため栄養ドリンクをはじめ、ほとんどのタウリン含有製品には化学合成されたタウリンが使用されています。ちなみに海外では、天然のタウリンも化学合成されたタウリンも食品として扱われており、清涼飲料水のいわゆるエナジードリンクには合成タウリンが添加されています。一方、日本の法律上では天然タウリンは食品扱いですが、化学合成されたタウリンは医薬品とみなされるため、合成タウリンを清涼飲料水や食品に添加することはできません。代わりにアルギニンなどのアミノ酸が添加されています。もちろん、天然のタウリンを入れることができますが、１gも入れると高くて売れないような値段になってしまいます。

栄養ドリンクはビタミンＢ群を主な成分とするビタミン含有保健薬に分類され、指定医薬部外品と呼ばれる医薬品です。ビタミン以外にカフェイン、タウリン、生薬成分などが添加されています。１９９９年の規制緩和により、薬局以外でも販売できるようになりました。栄養ドリンクには「滋養強壮や肉体疲労などの場合の栄養補給」といった医薬品としての効能・効果が記載されています。栄養ドリンクを飲んで元気が出るのは、覚醒・興奮作用のあるカフェインや、すぐにエネルギーになる糖分によるところが大きいのですが、糖代謝を促進するビタミンＢ群やタウリンの作用も含め総合的に効果を示します。医療用医薬品のタウリンが持つ心臓（うっ血性心不全）と肝臓（高ビリルビン血症における肝機能の

図１－５　タウリン（医療用医薬品）

改善）での作用（効能・効果）は、ヒトの試験において効果が確認されました。医薬品として承認され、医療現場でお医者さんが処方し、治療に用いられています。

（3）魚介類はタウリンが豊富

ほとんどの生物に存在するタウリンですが、特に魚介類に豊富に含まれています。また、陸上の植物にはタウリンが存在しませんが、海の植物であるノリなどの海藻は、タウリンを豊富に含んでいます。これは海の塩濃度（浸透圧）から体を守るために、海の生物がタウリンを浸透圧調節物質として利用していることと関係しています（第3章「魚とタウリン」参照）。魚介類の中では、イカやタコなどの軟体動物が特にタウリンを多く含んでいますが、これは鱗を持たないため海水と皮膚が直に接し、浸透圧の影響を受けやすく、浸透圧対応のため体内にタウリンを多く蓄えているからと考えられています。また、第2章「スポーツ」で解説するように、筋肉の収縮や運動においてタウリンは非常に重要であるため、足をくねらせて激しい運動を行うイカやタコはタウリンを多く蓄えているのではないか、という話もあります。スルメの表面の白い粉の多くはタウリン

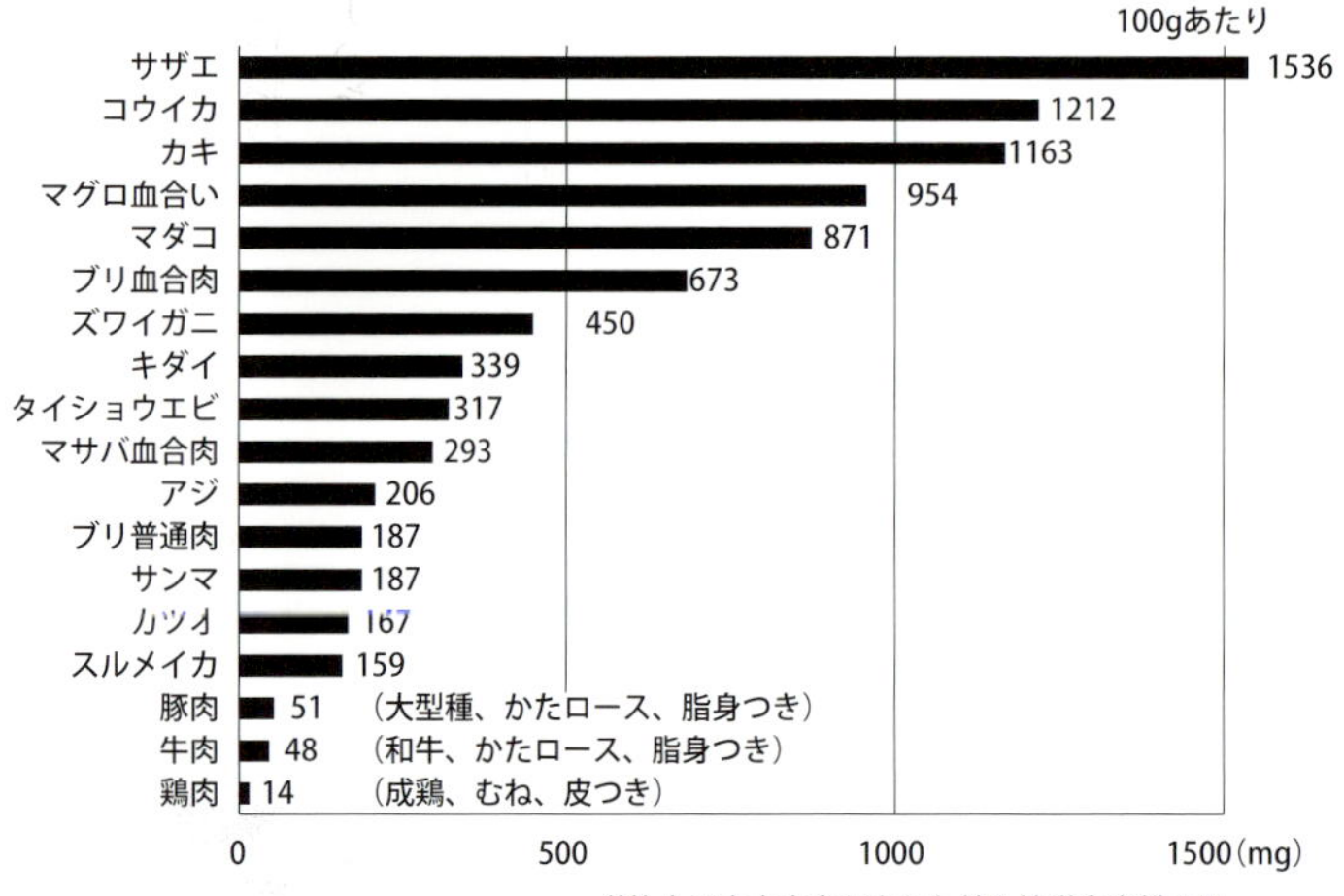

（社）大日本水産会おさかな普及協議会資料より

図1－6　タウリンを多く含む食材

です。また海水と淡水が混じり合い、塩濃度の変化が激しい河口域に生息するカキのような貝も、タウリンを多く含んでいます。これらの生物も浸透圧調節物質としてタウリンを使用し、塩濃度の変化から体を守っています。塩濃度と浸透圧については、後で詳しく述べます。

タウリンは動物の肉や内臓にも含まれていますが、タウリンを効率的に摂取するには魚介類が一番です。タウリンは熱には強いのですが、水に溶けやすいため、カキを水に入れて保存しておくと徐々にタウリンが溶け出し、カキのタウリンが減ってしまいます。煮物や鍋料理などでは、汁もいっしょに飲んだほうがタウリンを無駄なく摂取できます。

（4）体内のタウリン量の調節

体へのタウリン補給は、体内での合成と食事からの両方で行われています。タウリンは肝臓や脳などで、分子内に硫黄を持つメチニンやシステインなどのアミノ酸を原料に合成されます。一方、タウリンは食事からも供給されます。魚介類などタウリンを含む食材を摂取すると、タウリンは腸管から吸収されて血中に移行し、必要に応じて細胞に取り込まれます。体内への吸収や細胞への取り込みには、膜を介してタウリンを運搬するタウリントランスポーターが関わっています。

図は医薬品のタウリンを摂取した時の、血中のタウリン濃度の推移です。タウ

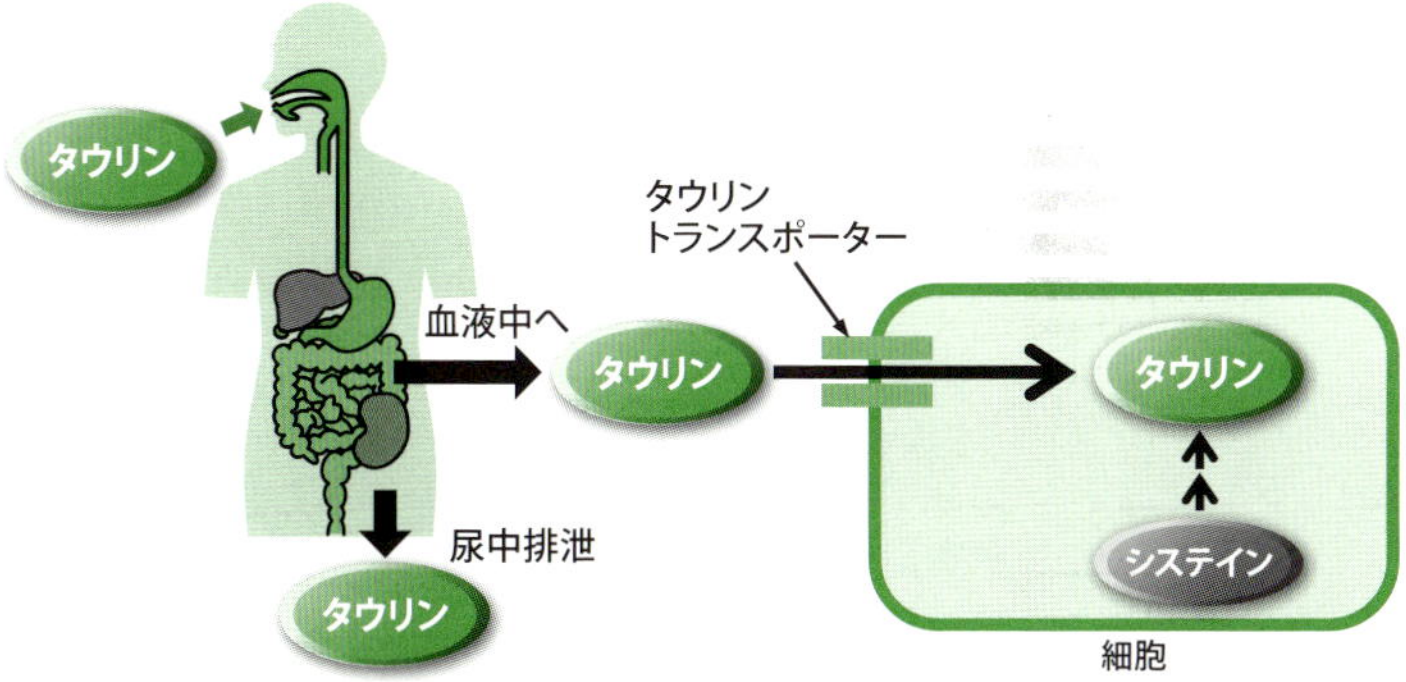

図１－７　食事中タウリンの吸収と細胞内でのタウリン合成

リンは速やかに吸収され血中に移行し、摂取の約1時間後に血中濃度は最大となります。その後、血中濃度は急激に低下し、２４時間後には血中からほぼ消失します。血中に入ったタウリンの一部は臓器に移行して、細胞内に取り込まれ、残りは腎臓から尿とともに排泄されます。タウリンの摂取量が多いときには、過剰なタウリンはどんどん尿へ排泄されますが、逆にタウリン摂取が少ないときには、腎臓でタウリンを再吸収して尿への排泄量を減らし、タウリンを節約します。体内のタウリンの６０％以上は筋肉にあり、肝臓、心臓、脳、網膜などに多く存在しています。また、白血球や血小板などの血球細胞にも高濃度のタウリンが存在し、免疫機能に関与しています。ネコでは、体内のタウリン量が減少すると白血球のタウリン含量も少なくなり、細菌やウイルスを撃退する白血球の異物排除作用が弱まることが報告されています。

1日の食事からのタウリン摂取量は通常、５０mg～１５０mgの範囲であると報告されていますが、魚を多く食べている地域では1日のタウリン摂取量は数百mgになります。またカキなどの貝や、イカ、タコをたくさん食べたり、お寿司屋さんで食事をすると、1g以上のタウリンを摂取することになります。日本人はタウリンを豊富に含む魚介類を多く摂っており、世界で最もタウリン摂取量の多い

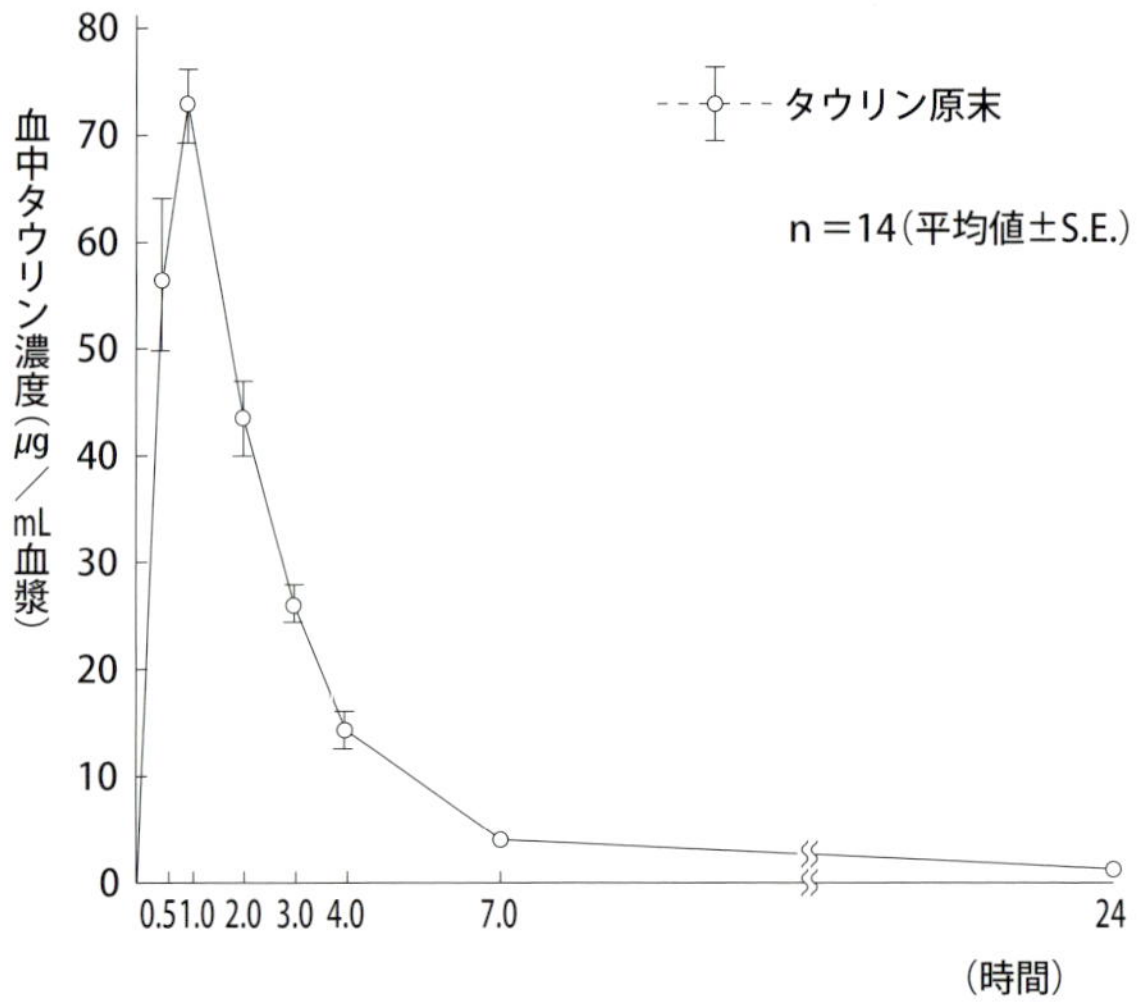

図１－８　タウリン投与後の血中タウリン濃度の推移

国民です（第4章「タウリンをもっと身近に」参照）。

（5）タウリンにはどんな作用があるのか？

タウリンの古くから最も良く知られている作用が、胆汁酸抱合と呼ばれる胆汁酸との結合です。肝臓においてコレステロールからつくられた胆汁酸は、タウリンあるいはグリシンと結合し、腸管に分泌されて脂肪の吸収を助けます。胆汁酸は水に溶けにくく毒性が強い物質ですが、タウリンと結合することにより、水溶性が増して毒性が低下するのです。

日本においては、戦前からタウリンの注射により、結核やリウマチの痛み、「じんましん」のかゆみが改善することが知られており、臨床現場で実際に使用されていたようです。ただし、戦前はまだタウリンが化学的に合成されておらず、タコなどの海産物から抽出された天然のタウリンが使用されていました。第二次世界大戦中、日本海軍がタウリンの効果に注目し、戦闘機のパイロットの疲労回復や潜水艦の乗組員の視力増強に使用していたことが知られています。戦闘機は爆撃のために急降下と上昇を繰り返すために、パイロットは疲労が激しく、１日しないと疲れが取れません。しかしタウリンを与えると、６時間くらいで回復したようです。ここでもタコから抽出されたタウリンが大量に調達され、北海道ではタコの煮汁を濃縮し、タウリンの調製が盛んに行われていました。戦後は化学的

に合成されたタウリンが出回るようになり、現在では医薬品をはじめとするタウリン含有製品には合成タウリンが使われています。海外では動物などで基礎的な試験を中心に研究が行われていましたが、海産物からタウリンを調製し、実用的な目的でタウリンが使用されていたのは日本だけでした。

このような状況の中で、戦前からタウリンの作用に注目してきた製薬会社が、戦後間もなくタウリン入りの製品を売り出します。１９６２年には日本で最初のタウリン入り栄養ドリンクが発売され、大ヒット商品となります。その後、多くの製薬会社からタウリンの入った栄養ドリンクが次々と発売され、日本の高度成長期とも重なり、大きな市場を形成することになります。栄養ドリンクはアジア諸国にも広がり現在、多くの国で販売されています。また、タウリン入りの栄養ドリンクは形を変えて欧米にも広がり、タウリンを添加したエナジードリンクとなって、欧米の清涼飲料水市場を牽引しています。

生命科学の進歩とともに１９７０年あたりからタウリン研究が盛んになり、タウリンはさまざまな生理・薬理作用を持っていることが明らかにされていきます。これを裏付けるように、タウリンに関する論文数も１９７０年代から急速に増加しています。糖尿病、脂質異常症、

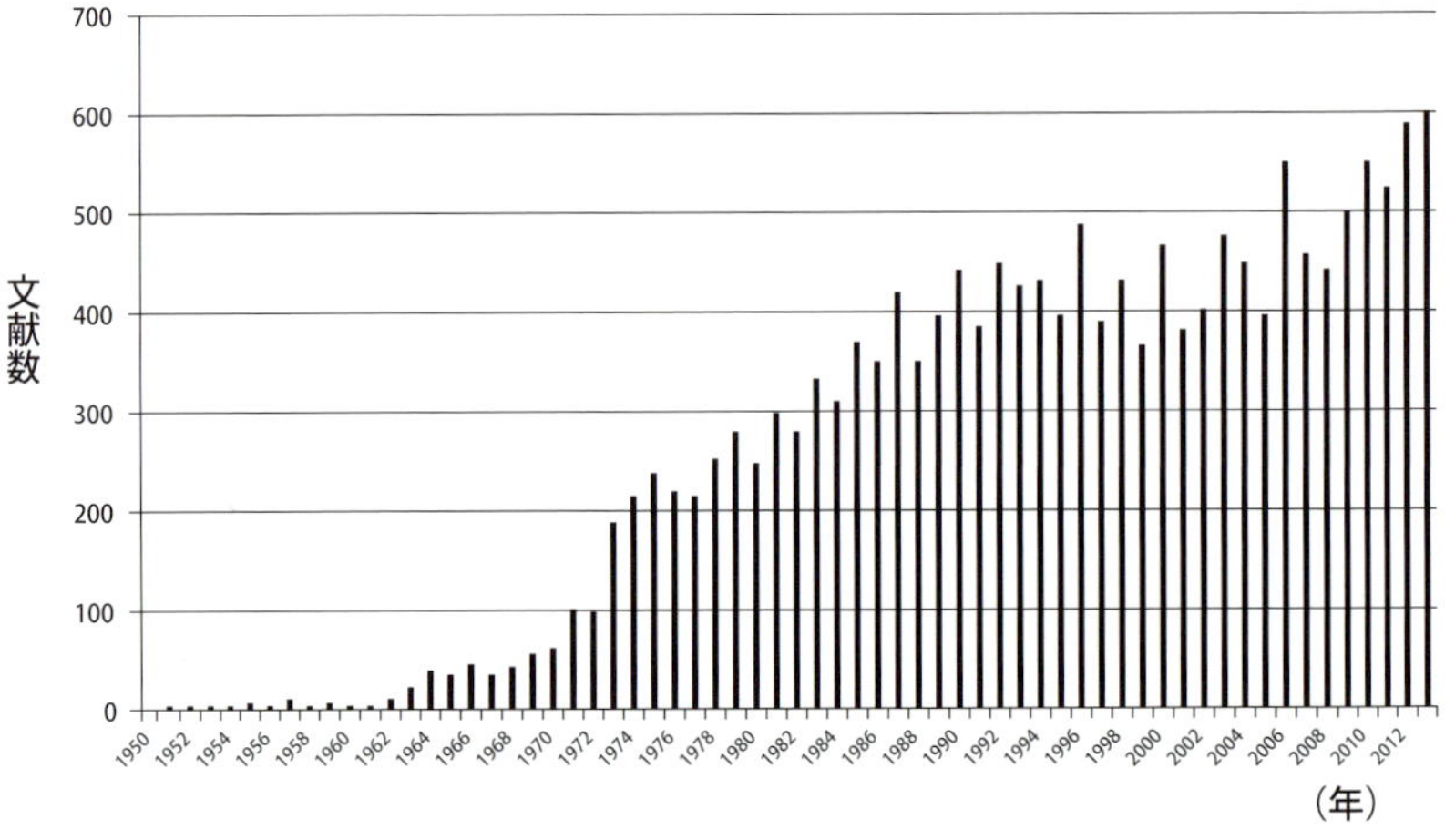

図１－９　国際雑誌に掲載されたタウリンの論文数の推移

高血圧、肥満、動脈硬化、脂肪肝などの生活習慣病、脳卒中、心筋梗塞などの循環器疾患、胃潰瘍や腸炎などの消化器疾患、腎炎や腎線維化、こむら返り、てんかんなど、作用は穏やかですが、動物の病態モデルでは数多くの疾患に対する効果が報告されています（第2章「生活習慣病：メタボリックシンドロームとタウリン」）（第3章「心臓とタウリン」）（第3章「肝臓とタウリン」）。また、脳ではノルアドレナリンやセロトニンなど数多くの化合物が神経伝達に関わっていますが、タウリンは脳にも多く存在し、神経活動を抑える作用を示すことで交感神経を抑制し、興奮を鎮める役割を担っています。そのほか、皮膚の水分調節、網膜機能維持、聴覚や味覚の機能維持、筋肉機能調節（運動機能向上）（以上、第2章「スポーツ：筋肉におけるタウリン」を参照）、アルコール代謝促進（第2章「お酒：アルコール代謝におけるタウリン」を参照）、解毒作用などもタウリンの作用として報告されています。さらに、ストレスや外科手術など、精神的あるいは肉体的なストレスに対しても防御的に働いている証拠が見いだされています。最近はアルツハイマー病などの認知機能障害に対する作用も明らかにされはじめています。（第2章「アンチエイジング：老化におけるタウリン」

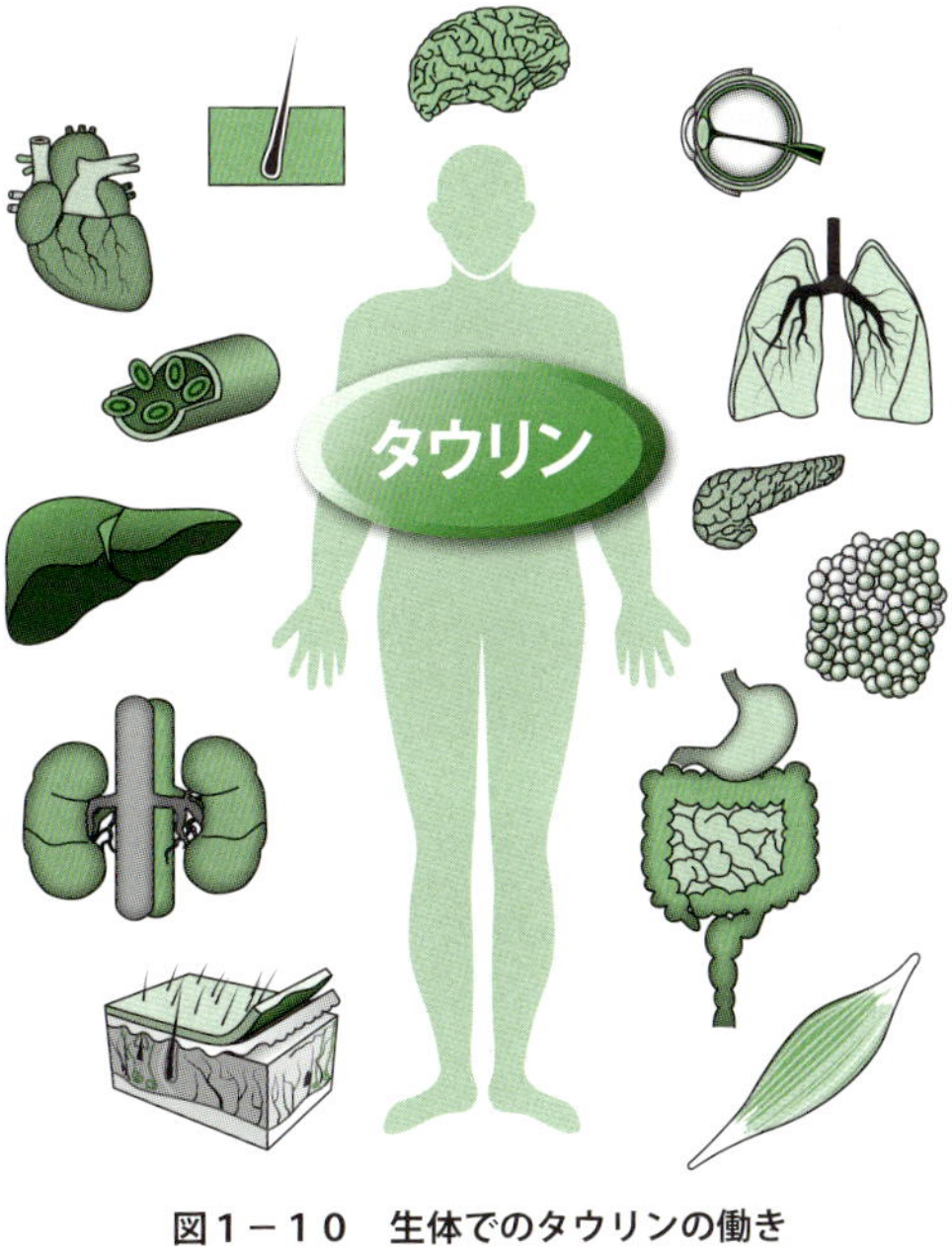

図1－10　生体でのタウリンの働き

を参照）

これらの作用は、それぞれの疾患や臓器に対する特異的な作用によるというよりはむしろ、タウリンが持つ浸透圧調節作用、抗酸化作用、炎症抑制作用、タンパク質安定化作用など細胞の生存や機能維持に必要な基本的作用が、さまざまな臓器で発現することによる結果と解釈されています。今から約４０年前の１９７５年に出版された「タウリン―その代謝と生理・薬理作用」という専門書には、「タウリンの研究成果をまとめてみて感じることは、ほとんど全身のあらゆる組織に分布するタウリンが、各組織において固有の生理作用を有するほかに、なにか細胞生理の本質につながる普遍的な機能を有しているのではないかという疑問である」と記されており、当時からタウリンが細胞機能維持という生体にとって普遍的な作用を持つ物質である、という認識があったことを示しています。これらの作用は、これまで主に動物レベルで確認されているものが多く、今後ヒトでも同様の作用が見られるかを確認していくことが必要です。なお、各臓器や疾患におけるタウリンの役割は第３章で詳しく解説します。

（６）タウリンの活躍する場

タウリンはさまざまな領域で活躍しています。先ほど述べたように、日本では合成タウリンは医薬品、天然のタウリンは食品と決められており、市場に流通しているタウリンのほとんどは値段の安い合成タウリンです。医薬品として、タウリンはOTC医薬品の栄養ドリンクに添加されています。またタウリンそのものが、医療用医薬品として心臓（心不全）と肝臓（肝機能の改善）の疾患に対して処方されます。さらに、第3章で紹介されているように、医療用医薬品として新たな効能の取得（ミトコンドリア脳症改善薬）を目指し開発が進められています。天然タウリンは価格が高く、流通量は少ないですが、健康食品などとして販売されています。海外では合成、天然を問わず、タウリンはすべて食品に分類されているためサプリメントとして市販されており、ほとんどのエナジードリンクにも添加されています。

第2章「美容」で述べるように、タウリンは皮膚にも多く存在し、皮膚のバリア機能維持によって重要であることから、化粧品の成分として利用されています。また、タウリンは傷んだ髪の修復作用のあることが科学的に証明されており、シャンプー、ヘアカラーなどのヘアケア製品にも用いられています。第3章「魚とタウリン」の項で説明があるように、魚にとってタウリンは必須の栄養素であり、養殖用に使用されている魚粉の代替飼料には、タウリンが添加されています。ネコにとってもタウリンは必須であり、キャットフードには必ずタウリンが添加されています。また第3章「胎児・乳幼児とタウリン」にあるように、乳幼児の成長にはタウリンが必要であり、タウリン含量の少ないウシのミルクを原料とした

＊OTC医薬品と医療用医薬品

薬には、薬局やドラッグストアで販売されているOTC医薬品と、医師が処方する医療用医薬品があります。OTCは「Over the Counter（カウンター越しにもらう薬）」の頭文字をとったもので、大衆薬や市販薬とも呼ばれています。かぜ薬、胃腸薬、解熱鎮痛剤、滋養強壮・ビタミン剤、外皮用剤、目薬などが該当します。医療用医薬品は病院で医師が診断し、発行する処方箋に基づいて薬剤師が調剤したうえで購入できる薬です。

粉ミルクにはタウリンが添加されています。その他、タウリンには細胞や臓器の保護作用があるため、臓器移植の際の臓器保存液や家畜の精液保存にも利用されています。

このように細胞や体の機能を維持するのに重要な働きを担っていると考えられるタウリンは、医薬品をはじめいろいろな分野で利用されています。今後、タウリンの作用の解明が進めば、活躍の場がさらに広がることが予想されます。

2. タウリンは生命の誕生・進化と密接に関連した物質だった

(1) 海で生まれた生命は体を守るためにタウリンを利用していた?

タウリンがなぜこのような多彩な作用を示すのか、まだ詳細は不明ですが、その謎を解く鍵は、生命の誕生と進化にあります。タウリンは

図1－11　タウリンの産業利用

生命誕生以来、生体の機能を維持するために利用されてきた物質であることを示すさまざまな証拠を見出すことができます。

地球上に生物がはじめて出現したのは、地球が誕生して１０億年が経過した今から約３８億年前の先カンブリア紀の原始の海です。海にはタンパク質の材料のアミノ酸やＤＮＡの成分の核酸など、生命に必要な有機分子が豊富に存在していました。これらの材料から、最初の生命が海で誕生したと考えられています。当時、陸上は火山活動が活発で、宇宙からは強い紫外線が降り注ぎ、生物の生存には厳しい環境でした。しかし、海の中は紫外線の影響を受けにくく、陸上に比べ環境が安定しており、生物が暮らし進化していくには有利でした。その後長い期間をかけてオゾン層が形成され、有害な紫外線が地上に届かなくなり、生物が地上で安全に生活できるようになりました。

現在でも深海には、地下のマグマによって熱せられた３００℃にも達する熱水が海底から噴き出している「**熱水噴出孔（ブラックスモーカー）**」が存在しています。ここは高温の環境に加え、有毒ガスや金属が高濃度存在し、生物にとって非常に厳しい環境に見えますが、生命誕生にとっては好都合な条件がそろっているため、生命誕生の場であるとする説が有力視されています。熱水噴出孔が生命誕生の場として注目されているのは、アミノ酸からタンパク質を合成する反応は、高温高圧環境で起こるためです。また熱水孔からは、アミノ酸の原料となる水素、

＊ブラックスモーカー
火山活動の活発な深海には、３００℃以上の高温の熱水が噴出する熱水噴出孔があります。熱水に含まれる重金属が海水と反応し、黒く見えるため「ブラックスモーカー（黒い煙）」と呼ばれています。ブラックスモーカーには有毒な硫化物が含まれますが、熱水噴出孔の周囲には微生物をはじめエビや貝など多種多様な生物が集まり、食物連鎖が成り立っています。

メタン、アンモニアなどが出ており、化学反応に重要な金属イオン濃度が高いことも生命誕生の場としての可能性を高めています。最初に誕生したバクテリアは硫化水素を利用していたと考えられており、現在でも熱水噴出孔の周囲には、硫黄や水素などの無機物からエネルギーを得ている細菌が多く生息しています。硫化水素は最も重要な熱水系生物のエネルギー源ですが、硫化水素などの硫化物は血中のヘモグロビンと結合し、酸素の運搬を阻害します。そのため熱水噴出孔周辺の生物は、タウリンやその誘導体を使用し、硫化水素などを無毒化していることが知られています。

生体防御を担っている白血球は、体内に侵入した細菌や異物を食べ、次亜塩素酸という強力な酸化物質をつくり殺菌します。白血球には非常に高い濃度のタウリンが含まれており、次亜塩素酸と反応して、毒性が弱いタウリンクロラミンという物質になります。これは、過剰に産生された次亜塩素酸のタウリンによる中和反応と考えられています。また、合成医薬品の代謝物の中に、タウリンが結合した化合物が見いだされています。このように、先に説明したタウリンによる胆汁酸の毒性軽減とともに、タウリンは体内の毒物や異物の毒性低減や解毒に関わっています。生命誕生の場と考えられている熱水噴出孔の周囲に生息するバクテリアが生命の維持にタウリンを利用しているということや、タウリンが現在でも生体の解毒に関わっていることから、タウリンは初期の生命体から引き継がれ

図１－１２　海底の熱水噴出孔

てきた生物の生存に不可欠な物質の１つであることが推察されます。過酷な条件の中で生活していたバクテリアは、タウリンを利用して生命を維持し、進化していったのではないでしょうか。生物が陸上に上がり、さらに進化したヒトにおいても同様に、タウリンは細胞や生体の機能維持を担うことで生命活動を支えていると考えられます。

（2）海と浸透圧

太古の地球において、海で誕生した生命は環境の変化が小さい海で進化していきます。海は生物の発生と生存に有利であったわけです。しかし、生物にとって大きな問題がありました。それは海の塩濃度です。海で生きる生物や海藻などの植物は、高い塩濃度環境にさらされます。海の塩濃度は、生命誕生時も現在とほぼ同じであったとする説と、最初は真水に近く、その後、塩濃度は徐々に上昇して現在の塩濃度になったとする説があります。いずれにしても、海で生息していた生物は海水の塩による浸透圧から生体を守る必要があり、タウリンを浸透圧調節物質（オスモライト）として利用していたと考えられています。

塩濃度変化から生体を守るために働いている物質は浸透圧調節物質と呼ばれ、タウリンをはじめ、さまざまなイオン、アミノ酸、糖類、アンモニアなどが使用されています。水の塩濃度変化が生物の体に対してどのような影響を与えるか考

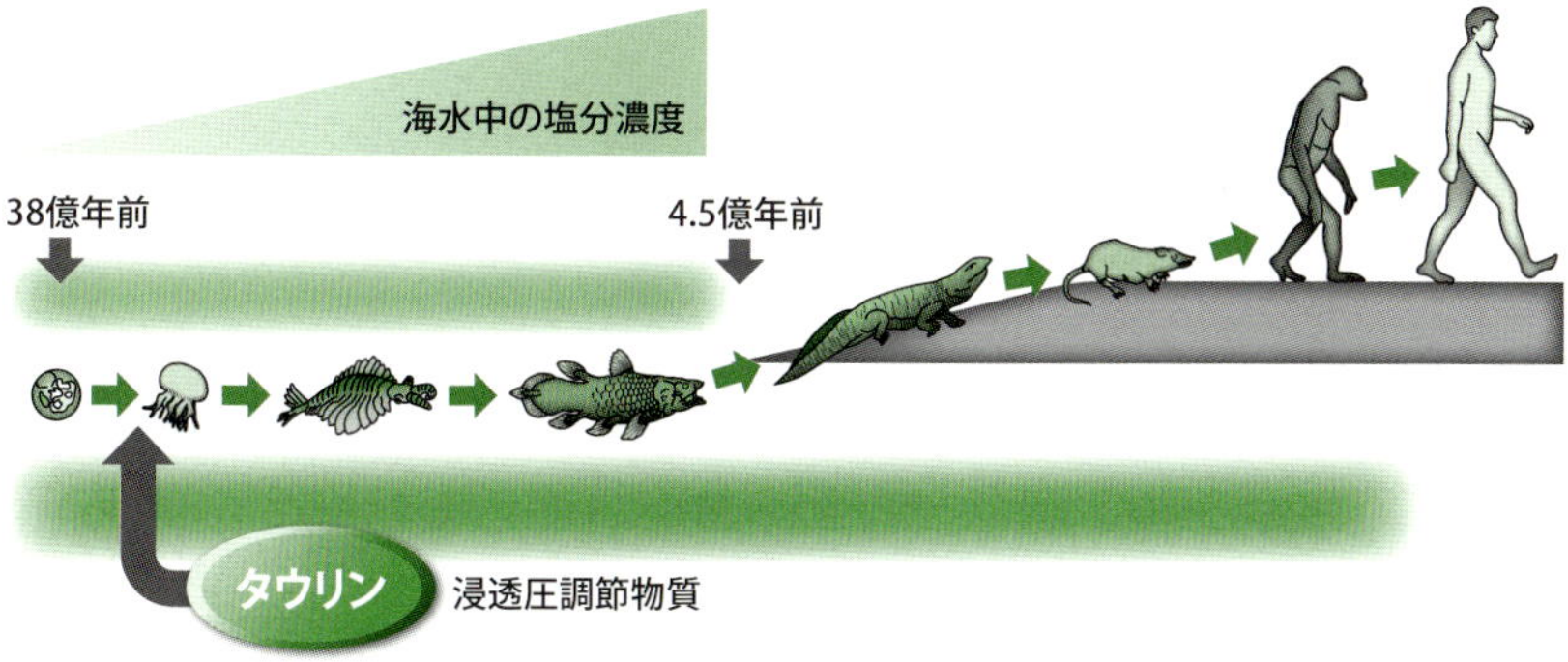

図１－１３　生命の誕生・進化と浸透圧調節物質としてのタウリンの利用

えてみましょう。

細胞を取り囲んでいる細胞膜はリン脂質の二重層からなる半透性の膜で、水などの小さい分子は通しますが、大きな分子は通さないという性質があります。濃度の異なる2種類の液体を細胞膜を隔てて隣り合わせに置くと、お互い同じ濃度になろうとします。この時の力を浸透圧といいます。大きな分子は膜を通らないため、小さい分子である水が膜を通って濃度の低い方から高い方へ移動し、濃度が同じになります。細胞内の塩濃度が細胞外より高いと細胞外から水が浸入し、濃度を一定にしようとします。その結果、細胞は膨張します。逆に、細胞内の塩濃度が細胞外より低い場合は、細胞内の水が細胞外に出ていき、細胞は収縮してしまいます。細胞の中と外の溶液濃度が同じ（等張）であれば、水は移動せず、細胞の大きさは変化しません。

図に示したように、細胞膜で囲まれている赤血球を食塩水など塩濃度の高い（高張）液体に浸すと、赤血球内（細胞内）から水が外に出ていって細胞は縮み、最後は細胞が死んでしまいます。逆に赤血球を真水のように塩濃度の薄い（低張）液体に浸すと、外から赤血球内（細胞内）に水が移動し、赤血球は膨張して最後は細胞が破裂してしまいます。浸透圧の変化は細胞の大きさを変化させ浸透圧ストレスとなり、細胞膜や細胞内の酵素やタンパク質に影響を与えます。その結果、細胞の機能が低下して最終的には細胞死に至ります。

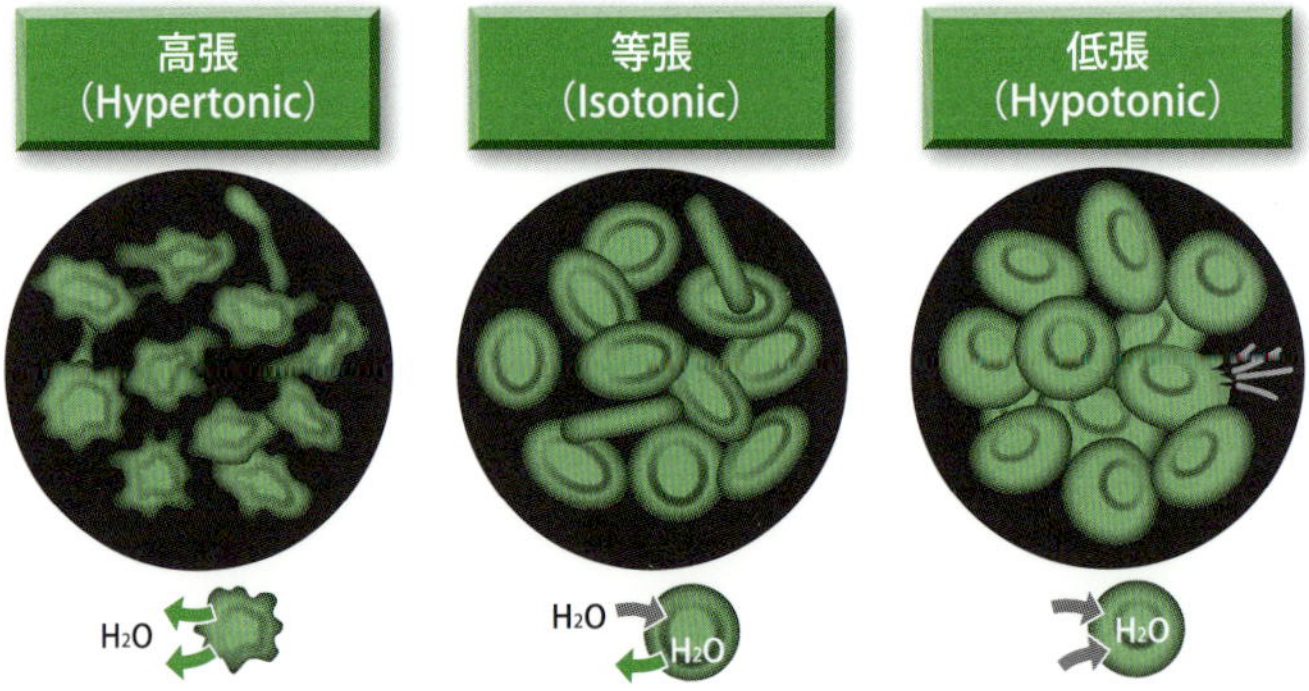

図１－１４　細胞外の浸透圧が細胞（赤血球）に与える影響

（3）浸透圧調節物質としてのタウリンの重要性

海水の浸透圧から生体を守るために、海の生物はいろいろな方法で対応しており、適応方法により浸透圧調節型と浸透圧順応型に大別されます。海の魚は周囲の海水に比べ自分の体液の浸透圧が約１／３であるため、そのままでは体から水分が奪われて脱水状態となります。海水魚は脱水から免れるために水を大量に飲み、同時に入ってきた高濃度のナトリウムなどの塩類はエラや腎臓から排出することで、体液の浸透圧を常に海水の１／３に保っています。一方、淡水魚は自分の体内の浸透圧が環境より高いため、そのままでは水が体内にどんどん侵入し、水膨れ状態になります。そのため、塩類を効率的に体内に取り込み、体液の浸透圧を保っています。このようにほとんどの脊椎動物は、周囲の浸透圧にかかわらず、体液の浸透圧を一定に保つ浸透圧調節型です。エラや腎臓は体内の水と塩類の恒常性維持において重要な器官として機能していますが、タウリンなどの浸透圧調節物質も体内の浸透圧を維持するために働いています。一方、貝類など多くの無脊椎動物はこのような浸透圧調節メカニズムを持たず、外部の塩類濃度の変化に対応して、タウリンなどの浸透圧調節物質を出し入れすることで外部と生体の浸透圧を同じに保ち、生存している浸透圧順応型です。貝類でタウリン含量が多いのは、タウリンが浸透圧調節物質として特に重要であることと関連しているのでしょう。

様々な細胞を浸透圧の異なる環境に置くと、代表的な浸透圧調節物質であるタウリンの細胞外から細胞内へ取り込みや、逆に細胞内から細胞外への放出が認められます。細胞が海水のような高張液環境に置かれた際は、タウリンの取り込みや合成を高め、細胞内のタウリン濃度を増やすことで細胞内と細胞外の塩濃度の差をなくし、細胞から水が出ていくのを抑制します。真水のような低浸透圧環境では、タウリンを放出して、細胞内の塩濃度をできるだけ下げ、細胞外の真水の浸透圧に近づけて細胞が膨張するのを防ぎます。ウナギやサケ類などは、浸透圧の異なる海と川の両方で生息していますが、上で示したような方法で体内の浸透圧はほぼ一定に保たれています。

このように、細胞はわずかな浸透圧変化にも対応して細胞機能を維持できるように、タウリンなどの浸透圧調節物質を利用しています。最近、細胞の浸透圧変化が炎症反応の引き金になる可能性も報告され、浸透圧の調節作用は細胞の機能維持にとって非常に重要であることが

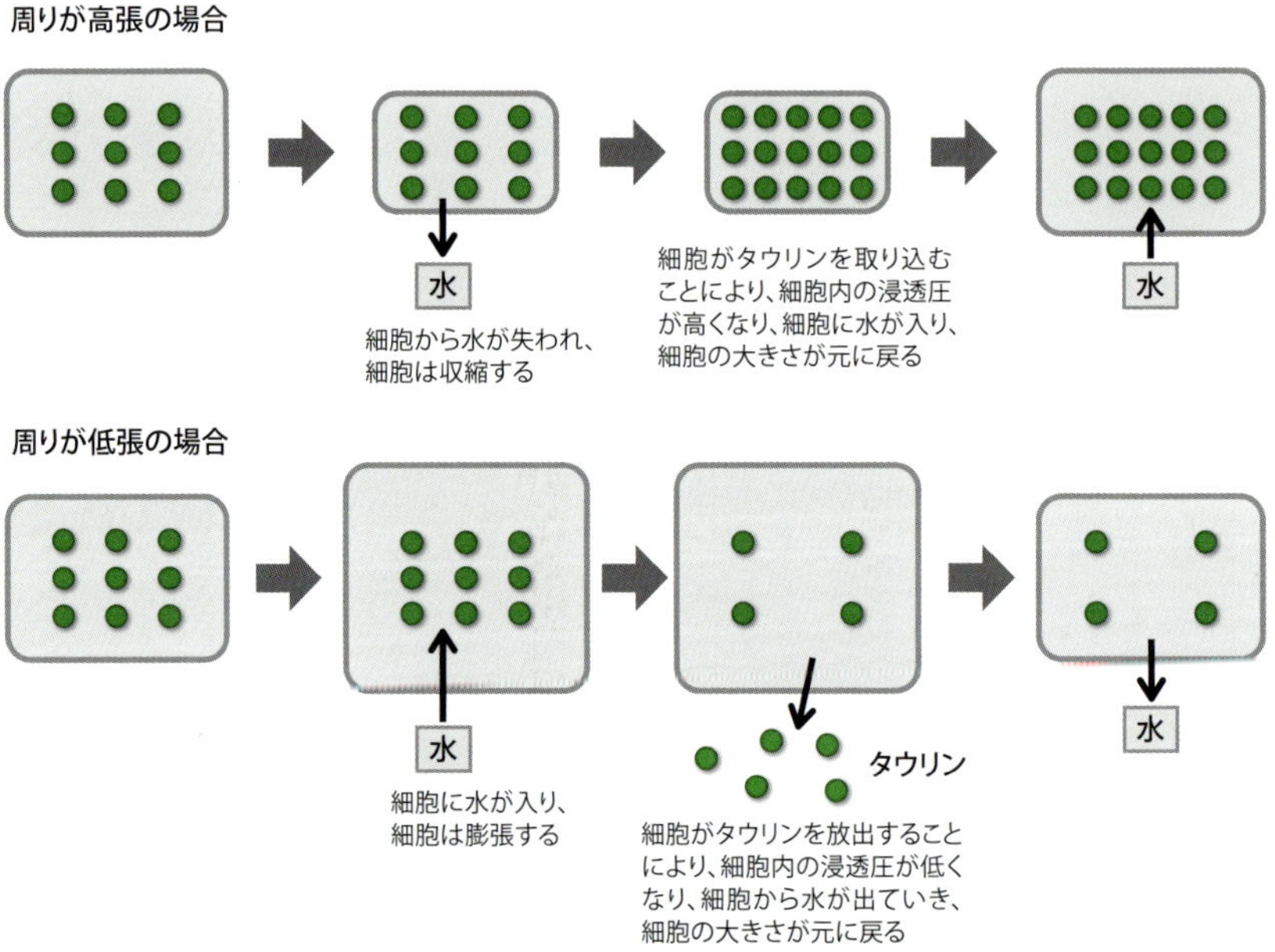

周りが高張の場合
水
細胞から水が失われ、細胞は収縮する
細胞がタウリンを取り込むことにより、細胞内の浸透圧が高くなり、細胞に水が入り、細胞の大きさが元に戻る
水
周りが低張の場合
水
細胞に水が入り、細胞は膨張する
タウリン
細胞がタウリンを放出することにより、細胞内の浸透圧が低くなり、細胞から水が出ていき、細胞の大きさが元に戻る
水

図1－15　タウリンの取り込みと放出による細胞の大きさの維持

指摘されています。浸透圧の変化は生体内でも頻繁に起こっています。血糖値や血中脂質が高くなると血液の浸透圧が上昇します。逆に血中のアルブミンが低下すると浸透圧が低下し、細胞間質の水が溜まり「むくみ」が起こります。

浸透圧の変化が細胞にどのような変化を及ぼすか、漬物を思い浮かべると理解しやすいかも知れません。キュウリを塩漬けにするとキュウリの細胞から細胞液が、塩分濃度の高い外側の塩水に移動します。この力が浸透圧であり、これによって野菜の細胞は水分がなくなり破壊されて死滅します。漬物の場合は、塩の浸透圧によって水が失われて細胞内に栄養分が濃縮され、野菜の組織が柔らかくなりおいしく食べやすくなるわけです。しかし、生物にとって浸透圧変化は細胞に傷害を与え、死に至らしめる重大な変化です。ナメクジに塩を振りかけた時も同じように、ナメクジの水分が塩濃度の高い外に移動し、ナメクジは溶けて死んでしまいます。細胞死に至るような浸透圧の大きな変化でなくても、浸透圧のわずかな変化により細胞は影響を受け、細胞の大きさが変化するとともに、細胞機能が低下してしまいます。

浸透圧調節におけるタウリンの役割が良くわかる例として、河口など汽水領域に生息する生物のタウリンの利用があります。川が海に流れ込む河口付近は、満潮時には海水が押し寄せ塩濃度が高くなる一方で、干潮時や大雨が降ると塩濃度は低下し、真水に近くなります。このように河口は塩濃度が０・０５％から３％

＊汽水領域
河川や湖沼のなかで、淡水と海水が混じり合った領域をさします。潮の干満や川からの淡水の流入により、汽水域は塩分濃度の変化が激しい。塩分の変化は生物の成長や繁殖に大きな影響を与えることから、生物にとって厳しい環境であり、塩分の変化に対応できる生物しか生息できません。一方、川から流れ込む有機物やプランクトンなど、生物の餌が豊富に存在します。日本の湖沼のうち、サロマ湖、小川原湖、浜名湖、三方五湖、宍道湖など１／３が汽水領域を持つ汽水湖です。

の間で大きく変化し、生物にとって過酷な環境ですが、餌が豊富なこともあり、多くの生物が生息しています。カキなどの貝類は移動することができないことから、このような過酷な環境変化に対応するために、生理的な対処法を発達させてきました。カキはタウリンを特に多く含む食材として知られています。カキの体内のタウリン合成酵素は、浸透圧の変動に反応して変化することがわかっており、満潮で塩濃度の高い高浸透圧条件になるとタウリンの合成が高まり、体内のタウリン蓄積量が増加することが報告されています。まわりの塩濃度の増加に対応し、細胞内のタウリンを増加させることにより、生体の内外の塩濃度を等しくして水の移動を防ぎ、細胞の大きさが変化しないようにしているわけです。カキなどの貝類にタウリンが特に多い理由は、これらの生物が変化の厳しい環境で生きていくために必要な物質であるからなのです。普段はあまり意識することができませんが、浸透圧の変化は陸上で生活しているわれわれの体内でも頻繁に起こっており、細胞や臓器の機能低下などの大きな影響を与える変化といえます。

(4) タウリンの生体恒常性維持作用

生命誕生の場と考えられている過酷な環境の海底熱水噴出孔で生きるバクテリア、浸透圧の変化が激しい河口で生育するカキなどの生物におけるタウリンの役割を考えると、外部環境の変化に対応し生体機能を維持するための手段として、

図１－１６　海水と真水が混じり合う河口領域

タウリンの重要性が見えてきます。このような理由からタウリンの作用を簡潔に言うと、恒常性維持作用（ホメオスタシス）であるといわれています。浸透圧調節作用は、細胞や臓器の恒常性を維持するための重要な作用の1つと考えられます。

ホメオスタシス（homeostasis）とは、ギリシャ語のhomeo（類似）とstasis（持続）を組み合わせた言葉で、生体恒常性と訳されています。この字のごとく、同じ状態が持続することです。生物は、温度や浸透圧（イオン濃度）などの外部環境の変化に対して内部環境を一定に保とうとする恒常性維持作用を働かせます。教科書には、免疫系、ホルモン、神経系が協調して働き、体の恒常性を維持していると説明されていますが、タウリンも恒常性維持に関わっていると考えられています。先に生命が海で誕生し、進化する過程で毒性の強い化学物質や浸透圧などの過酷な環境から生体を守るためにタウリンを利用していた可能性について述べましたが、これがタウリンの持つ生体の恒常性維持作用と言えます。タウリンの作用の特徴として、正常な状態に対しては影響を与えないが、異常な状態を正常に戻す作用を持つことが上げられます。さらに、タウリンの作用は一方向でなく、高いものは下げて正常化し、低いものは上げて正常化するという2方向の作用を持っています。たとえば、タウリンは血圧低下作用を示しますが、正常血圧の人がタウリンを摂取しても血圧は変化しません。一方、血圧が高めの人がタウ

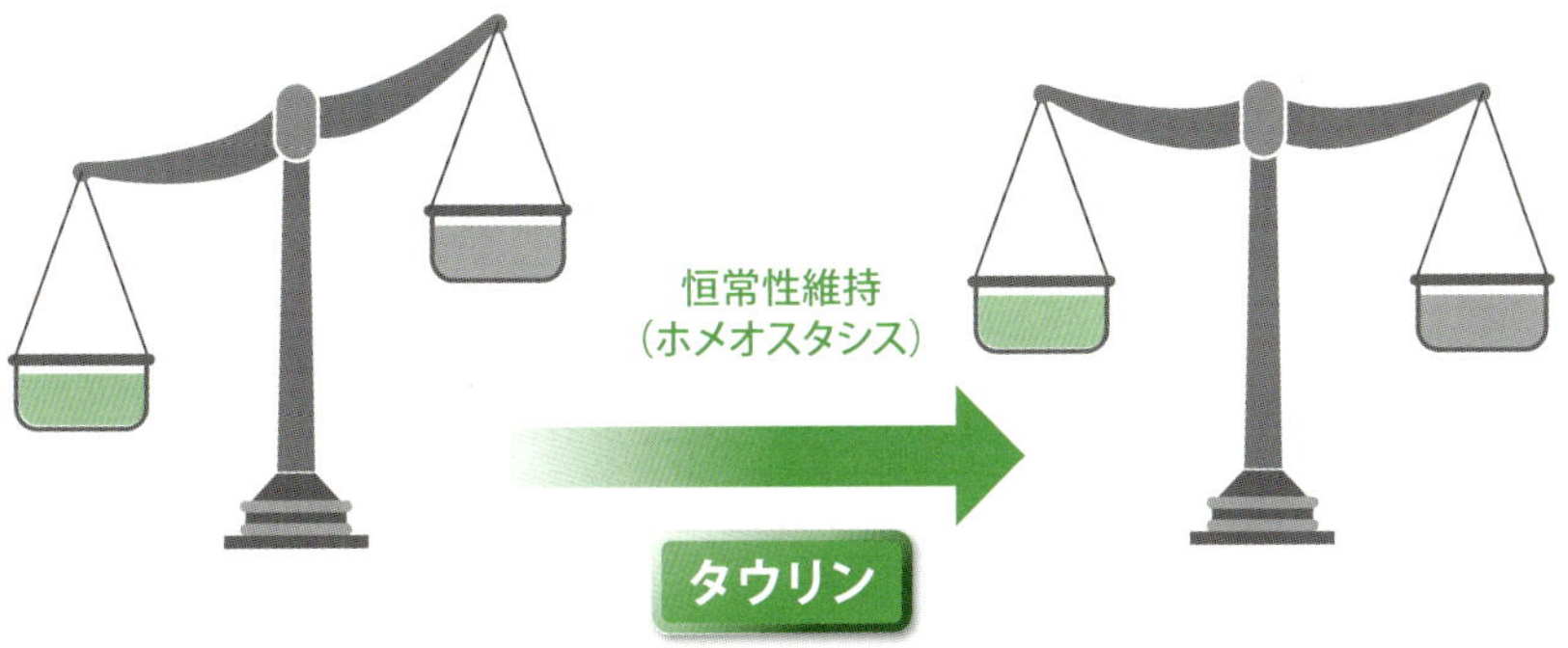

図１－１７　タウリンの恒常性維持作用

リンを摂取すると、血圧が低下します。興味深いことに、血圧が低めの人ではタウリンは血圧を上昇させる方向に働きます。すなわち、血圧が高めの人でも、低めの人でも正常血圧に戻そうとする作用があります。これは、浸透圧調節機能と同じです。細胞内と細胞外の浸透圧が同じ場合、浸透圧調節物質であるタウリンは働く必要がありません。しかし、細胞外の浸透圧が高くなると、タウリンが細胞外に出て細胞内の浸透圧を下げる手助けをし、逆に細胞外の浸透圧が低くなると、タウリンを細胞内で合成したり、タウリンを細胞外から細胞内に取り込むことで、細胞内の浸透圧を高める手助けをします。

また、タウリンの恒常性維持はカルシウムの筋肉に対する作用でも認められます。筋肉はカルシウムにより収縮し、カルシウムがないと弛緩します。摘出した筋肉に試験管内で生理的な濃度より高いカルシウムを加えると、筋肉は異常収縮し、カルシウムが少ないと収縮は弱くなりますが、この状態でタウリンを添加すると、異常収縮した筋肉は収縮力が弱まり正常な収縮に近づきます。またカルシウムが少なく収縮力の弱い筋肉では、タウリンを加えることで逆に収縮力が強くなり、正常な筋収縮に近づきます。同じような現象は、心臓の心筋でも見られ、タウリンが筋肉や心臓の異常興奮を抑制し、収縮不全に対しては逆に収縮力を増強して、機能を正常化することがわかっています。タウリンにはストレスのような外からの刺激に対しても、細胞や組織の変化を正常に維持しようとする作用を示します。

このように、タウリンは外部環境のさまざまな変化に対して、生体内の代謝的あるいは生理的機能を正常に維持しようとする作用を有することがわかります。これらの作用メカニズムの詳細は未だ解明されていませんが、生物が発生と進化の過程で利用してきた、浸透圧調節作用、タンパク安定化作用、有害物質の無毒化作用などが関与していると考えられます。図１－１８は、タウリンのさまざまな生理・薬理作用を、海に浮かぶ氷山にたとえて図示してあります。海の上から見ると、脂質低下、血圧低下、筋収縮増強、皮膚保湿などは別々の氷の山として存在していますが、海中では、同じ恒常性維持作用というものでつながっている、という図です。単純な構造のタウリンが示す多彩な作用の説明として、浸透圧調節作用に代表されるタウリンの恒常性維持作用という共通の作用がそのベースにあることを示しています。

3．胎児や乳幼児にとって必要不可欠なタウリン

海で生まれ進化した生命は、オゾン層の形成をきっかけに陸上に上がり、脊椎動物からヒトへとさらに進化していきます。人間は陸上で生活していますが、かつて海で生活していたなごりが未だに多く残っています。われわれの血液成分は海の成分と類似しており、その塩濃度は生物が上陸した時の海の濃度であったと

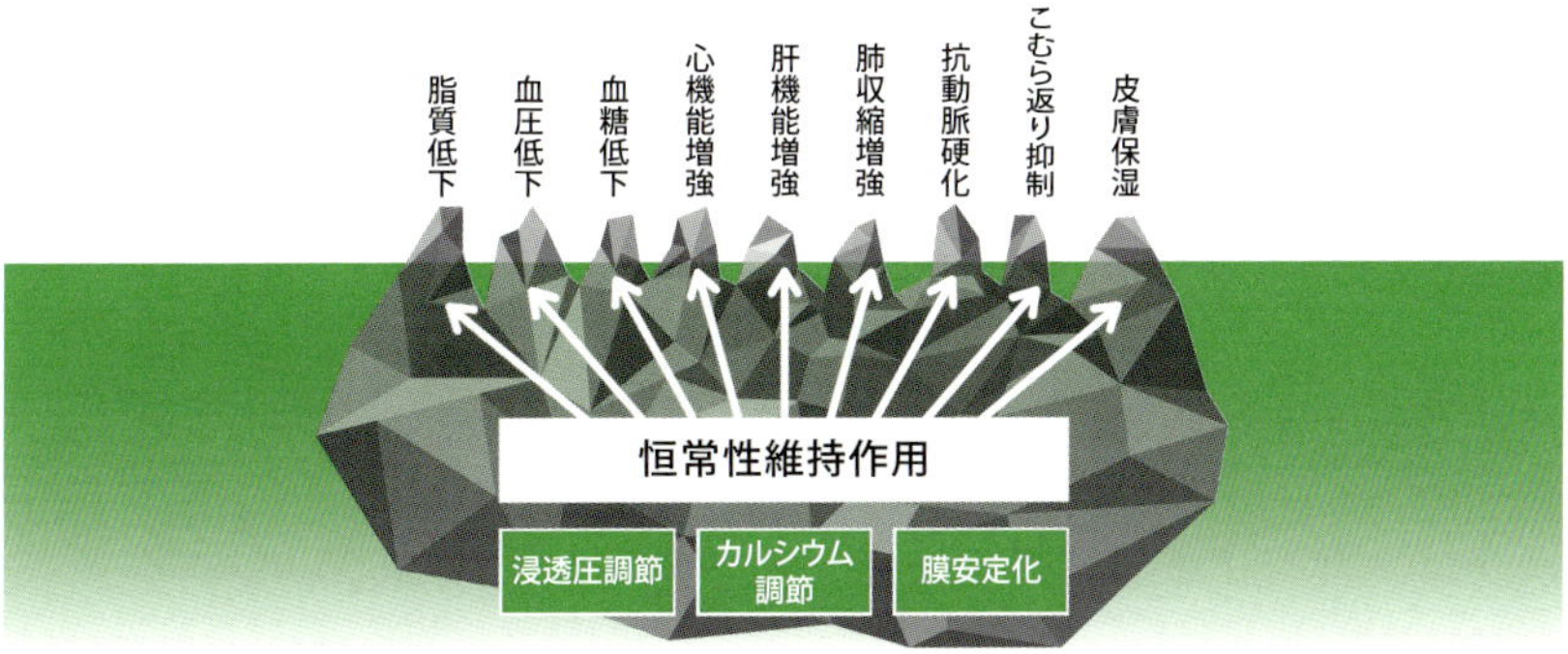

図１－１８　タウリンの恒常性維持作用に基づく疾患の予防や進展抑制

言われています。また、胎児は海に似た環境の羊水中で急速に成長します。海で誕生した生物がタウリンを利用していたように、羊水という海で育つ胎児にとってもタウリンは重要な物質であることがわかっています。ヒトと動物の研究から、胎児~乳幼児の時期は成長にタウリンが深く関わっており、タウリン不足が成長、特に脳の成長に影響を与えます。母親のお腹の中にいる胎児はまだタウリンを自分で合成する能力を持っていません。しかし、この時期は胎盤を通して母親からタウリンが供給され、成長を支えています。胎児の血中タウリン濃度は母親の約3倍以上であり、胎児の体のタウリン量も大人に比べ多いことが知られています。女性は妊娠すると、タウリンの合成が高まり、体内のタウリン量が増加します。これは胎児へのタウリン供給が増えるため、合成を増やして対応しているものと推察されます。またタウリンは食事から多く摂取されるため、母親がダイエットなどで栄養的に偏った食事をしているとタウリンも不足し、子供の成長に影響が出る可能性があります。タウリンは母乳にも高濃度含まれ、生まれた赤ん坊は母乳を通してタウリンを得ています。特に、出産後1週間までの初乳には高濃度のタウリンが含まれ、乳児のタウリン補給源となっています。赤ん坊は生まれると、体のタウリン合成能が徐々に増加していき、これと並行して、母乳中のタウリン量も減少していくことがわかっています。最近は母乳ではなく粉ミルクで赤ちゃんを育てる人も多いのですが、粉ミルクの原料であるウシのミルクはタウリン含

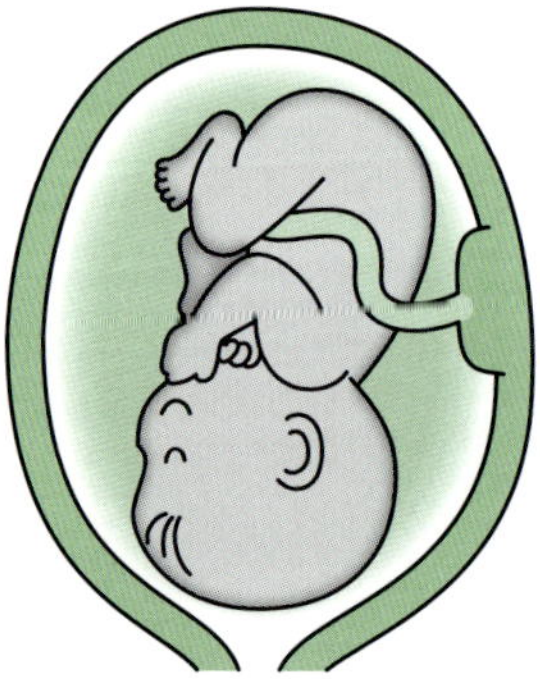

図1－19　胎児の成長に欠かせないタウリン

量が低いのです。しかし心配はいりません。タウリンが乳幼児の成長に必要な物質であることがわかり、現在は乳児用の粉ミルクに合成タウリンが添加されています。

したがって、タウリンはヒトがお母さんのお腹の中で誕生し、大きくなる重要な段階で成長を支えている物質といえます（第３章「胎児・乳幼児とタウリン」参照）。

4. ネコがネズミや魚を好んで食べるわけ

昔からネコの象徴的な行動として、ネズミを追いかけたり、魚をくわえて歩いている姿が良く出てきます。これは、ネズミや魚にはタウリンが豊富に存在しており、タウリンがないと生きていけないネコがタウリンを補給するために、本能的にネズミや魚を食べるのだと考えられます。１９７０年代ころから、米国でネコがペットとして飼育されはじめると、突然死んだり、目が見えなくなるネコが増えてきました。いろいろな研究の結果、原因はタウリン不足であることが突き止められました。もともとネズミを捕食して生活していたネコがヒトの手で飼育されるようになり、餌からのタウリン補給が減ってしまったのです。

タウリンの体内の合成能力や、体がタウリンをどのくらい必要とするかと

図１－２０　ネコのタウリン補給

いうタウリン要求性は、種により大きな違いがあります。ネズミは体内のタウリン合成能力が高く、体にタウリンを多く持っていますが、逆にネコは体内でタウリンをほとんど合成できません。また、ネコはタウリン不足に敏感で（タウリン要求性が高い）、タウリンが足りないといろいろな臓器の機能が鋭敏に低下することがわかりました。ネコはタウリンが豊富な魚やネズミを食べることにより、タウリンを補給してきたわけですが、ペットとして飼育されるようになり、タウリンをあまり含まない餌を与えられたネコはタウリン不足に陥り、心臓の機能異常による心筋症や、網膜の機能異常による失明が引き起こされたのです。人工的にタウリン不足状態にした、タウリントランスポーター欠損マウスと同様に、ネコでもタウリン不足により、さまざまな臓器の機能が低下することが明らかになりつつあり、タウリンは細胞や臓器の正常な機能維持に不可欠であることがわかってきました。また、逆にタウリンの合成を人為的に増加させたマウスでは、疾患が予防される試験データも報告されています。第３章で説明があるように、魚でもタウリンが不足すると成長が遅れたり、運動能が低下したり、病気になることがわかっています。ネコはタウリンの要求性が高いことがわかって以降、キャットフードには必ず合成タウリンが添加されるようになりました。このように、ネコにとってタウリンは生死に関わる重要な物質です。ヒトはどうかというと、これまでのところ、タウリン欠乏によるネコのような異常は報告されていま

せん。哺乳動物の中では、ヒトは体内のタウリン合成能は低い方ですが、大人ではタウリン感受性がネコほど高くないと思われます。しかし前で述べたように、ヒトでも胎児や乳幼児はタウリン不足により、成長に影響が出ることがわかっています。

5．まとめ

タウリンはさまざまな生理・薬理作用を持っており、これらの作用は外部環境の変化に対して生体内部への影響を最小限に留め、正常な状態をできるだけ維持しようとする恒常性維持作用に基づくと考えられます。海での生命の誕生から進化の過程で、生物が自らの生体を守るためにタウリンを利用していた可能性が高く、タウリンの作用は決して強いものではありませんが、細胞や臓器が正常に働くように縁の下で働いているいわば潤滑油のような存在です。体内のタウリン量が減少したタウリントランスポーター欠損マウスは、脳、心臓、筋肉など全身の臓器の機能低下が見られることからも、潤滑油として働いているタウリンが減ると、さまざまな生体機能が低下して異常を起こし、加齢が進み、寿命も短くなることが示されています。いくら高性能なエンジンであっても、潤滑油が十分になければその性能を発揮することはできません。これらの作用メカニズムの詳細は未だ解明されていませんが、生物が進化の過程で利用してきた浸透圧調節作用、タンパク安定化作用、有害物質の無毒化作用などが関与していることが推察されます。

日本は欧米諸国に比べると肥満が少なく、循環器疾患の発症も低値であり、世界有数の長寿国です。和食の食材として日本人が積極的に摂取してきた魚介類や海藻には、タウリンが豊富に含まれています（第4章「タウリンをもっと身近に」）。タウリンの恒常性維持作用を考えると、タウリンは日本人の健康と長寿を陰で支えてきた機能性成分の1つといえるのではないでしょうか。タウリンの持つ恒常性維持作用は、疾患の予防や加齢による細胞の機能低下に対して有効である可能性があり、普段からタウリンを十分補給しておくことが、さまざまな環境変化から細胞機能を維持するために重要であると思われます。タウリン量が低下したマウスにおいて、寿命の短縮、老化の促進、筋力と運動能の低下が見られることから、今後は高齢者を対象としたタウリンのアンチエイジング研究と成果の実用化にも期待が膨らみます（第2章「アンチエイジング：老化におけるタウリン」）。

以下の各章では、タウリンの持つ多彩な健康効果や病気の予防効果について解説していきます。タウリンにはさまざまな興味深い作用が見られるため、培養細胞や動物を用いて、作用とそのメカニズムの解明が精力的に行われてきました。一方、ヒトへの投与試験は時間と費用がかかり、また倫理的な制限も多いため、簡単に実施することはできません。したがって、タウリンの作用の説明ではヒト

で報告されている研究成果はすべて取り上げていますが、上のような理由から全体としては動物での作用を中心とした説明になります。培養細胞や動物で認められたタウリンのさまざまな作用が、ヒトにおいても認められるのか、投与するタウリンの量や投与期間の検討も含めヒトでの証明は今後の課題です。

第2章　健康維持に必要なタウリン

1．スポーツ：筋肉におけるタウリン

（1）「パワー」か？「スタミナ」か？

「ファイト〜ッ！」と叫んでパワーアップや疲労回復でスタミナアップなど……タウリンと言えば、そういったことを真っ先に連想される方が多いことでしょう。栄養ドリンクや食物などを通してタウリンを摂取すると、体力にどのように効果があるのか興味深いところです。パワーやスタミナには、筋肉の大きさや質などの特性が大きく関係します。タウリンは、筋肉の特性にどのように関わっているのでしょうか。

タウリンは川魚や近海魚のように、早い流れに逆らって泳いだり、素早い動きで獲物を捕まえたりできる白身の魚には、あまり多く含まれていません。反対に、広い海の長い距離をゆっくり泳ぐマグロなどの赤身の魚に多く含まれています。このような魚の赤身や白身と同じく、鶏肉は白っぽく見え、牛肉は赤っぽく見えるように、人間を含めた動物の筋肉も赤身と白身に分けられます。魚の白身に相当する動物の筋肉を、白筋あるいは速筋と呼び、早く収縮して無酸素でも大きな力を発揮できる特性があります。一方、魚の赤身に相当する動物の筋肉を赤筋あるいは遅筋と呼び、比較的ゆっくりとした収縮ながら、酸素を使って長い時間、力を発揮できる特性をもっています。速筋は短時間で大きなパワーが必要な短距離走選手のようなパワー型の体に豊富で、遅筋は長時間の継続的な運動を行う長距離走選手のようなスタミナ型の体に多く含まれる筋肉です。

タウリンは魚と同じように、パワー型の速筋には少なく、スタミナ型の遅筋に多く含まれています。有酸素運動の際、筋肉細胞はミトコンドリアという細胞内小器官でエネルギーを作り出します。遅筋型の筋肉細胞は速筋型に比べて、ミトコンドリアの量や機能が優れていることから、有酸素運動のようなスタミナ型の運動を得意とします。細胞内のタウリンは、特にミトコンドリアの中に多く含まれており、このことが遅筋型の細胞にタウリンが豊富に含まれる理由と考えられます。そのため、タウリンはミトコンドリアの働きや維持に重要な働きを担っていることがわかっており、第3章で詳しく紹介します。第2章「アンチエイジング」項で説明があるように、細胞内へタウリンを運搬するタウリンの運び屋（タウリントランスポーター）を遺伝的に欠損させたマウスでは、筋肉細胞でのタウリン欠乏にともなってミトコンドリアの形や機能に異常が生じ、有酸素運動に必要なエネルギーを作り出す能力が低下することが確認されています。タウリンは、短距離走のようなパワー系の運動よりも、長距離走の様なスタミナ系の運動に深

図２－１　パワー型かスタミナ型か？

く関係しています。

（2）タイミングと期間が大事

タウリンは人間の体中にも多く含まれていて、筋肉ではグルタミンに次いで、2番目に多く遊離アミノ酸の約3割を占めます。実験動物（ラット）による検討では、疲労困憊に至る長時間の持久性運動（トレッドミル走）を行うと、筋肉中のタウリンが減少することが観察されています。運動によって筋肉中のタウリンが減少する詳細な理由は未だ解明されていませんが、ラットに運動する前にタウリンを摂取させておくと運動による筋肉中のタウリンの減少を防いで、より長い時間運動させることが確認されています。運動前にタウリンを摂取しておくと、疲労しにくいスタミナが得られるようです。タウリンの運動能の向上をもたらす効果は1回摂取による即効性のものと、長期間摂取が必要なものとが報告されています。タウリンの摂取の仕方が体内でのタウリン量の変化に大きく関わっており、その違いによって、運動能に与える効果が異なるようです。

動物を使った実験では、タウリンの運動能向上効果を引き出すには、長期間の摂取が大事であることも確かめられています。ラットにタウリンを含んだ水（最大500mg／体重kg／日）を毎日、2週間以上飲ませると、筋肉中のタウリン量が増加します。タウリンは筋肉などの様々な臓器に豊富に含まれていますが、時

間をかけてたくさん摂取することで、さらに多くのタウリンが細胞内で増えるのはたいへん興味深いところです。しかし実験動物であっても、短期間の摂取では筋肉のタウリン量は増えないようです。また人間での検討では、タウリン１・６６gを１日３回（４・９８g／日）、１週間摂取しても筋肉中のタウリン量は変化しなかったとの報告もあります。この検討ではタウリンの摂取による自転車こぎ運動の向上効果は得られなかったので、運動能向上をもたらすには筋肉タウリン濃度の上昇が必須であると考えられます。一般的にラットなどの動物実験での薬などを評価する際は、人間での摂取量よりも多くの量を投与して検討します。タウリンが運動能にもたらす効果には、摂取量の違いも大きいかもしれません。筋肉のタウリン量の上昇をもたらす摂取量と摂取期間が、運動能向上には必要だと思われます。

　一方で、運動前に栄養ドリンクを１本（タウリン１０００㎎程度）飲むと運動能力をアップさせることができるのかという、一回の摂取による効果についても興味があるところです。中距離走専門のアスリートにタウリン１０００㎎を飲ませて３㎞走（５００m毎の速度アップ走）を行わせた研究では、８人中７人で平均約１２秒のタイムが短縮したとの報告があります。３㎞で１２秒もタイムが短縮すると、ドーピングの対象にならないか心配になるくらい即効性のある効果だと言えるでしょう。しかし、自転車競技選手やトライアスロン選手に１６６０㎎

のタウリンを飲ませて自転車こぎ運動を行わせた研究では、タウリンの運動能に対する効果はみられなかったとの報告もあります。この運動能に影響を与えるタウリンの効果の違いは、摂取するタイミングの違いによるものと考えられています。摂取されたタウリンは小腸でゆっくりと吸収され、血液中のタウリン濃度は少しずつ上昇して、約2時間後にはもっとも高い値に達します。しかしこの2時間を過ぎると、血液中タウリン濃度はみるみるうちに減少して、1~2時間後には、1/2か1/3にまで少なくなってしまいます。この減少はタウリンが尿へ排泄されるためです。そのため、血液中のタウリン濃度がピークになるゴールデンタイムに運動しているかが、タウリン摂取による運動能の向上効果が得られるカギだと思われます。タウリンを摂取して運動能の効果が得られた前者の報告では、運動は血液タウリン濃度がピークになる摂取後2時間までに運動が終了しているのに対し、効果が得られなかった後者の報告では、血液中タウリン濃度がピーク後も運動が終了していなかったとの違いがありました。最も血液タウリン濃度が高い状態で運動をすると、血液から筋肉などの運動に関わる細胞にタウリンが取り込まれて効果を発揮するものと思われます。運動前に栄養ドリンクを飲むのは、タイミングが重要なようです。

　タウリンの運動能向上効果を得るには、摂取後の血液中のタウリン上昇のタイミングを見逃さないようにするか、あるいは長期間タウリンを摂取することで、

効果を最大限に発揮させるためには
摂取するタイミングがとても重要!
タウリンを摂ってから2時間後に
血中濃度のピークを迎えるよ

充分なタウリンを体内に蓄えるようにするかがポイントだと言えそうです。

（3）脂肪燃焼系アミノ酸としての横顔

脂肪は炭水化物およびタンパク質と並ぶ三大栄養素の1つで、生体の構造や機能に無くてはならない栄養素です。また脂肪はエネルギー源として優れた栄養素で、空腹時や飢餓時などの栄養が不足する際に備えて、エネルギーに利用されず余った分は皮下脂肪や内臓脂肪として蓄えられています。しかし食べ過ぎや運動不足によって、皮下脂肪や内臓脂肪が必要以上に蓄えられると体重が増加し、生活習慣病が引き起こされる危険度が高くなります。その予防策として、ウォーキングや水泳などの有酸素運動の重要性は広く認められており、体力維持やダイエット（減量）を目的に多くの方に取り入れられています。運動開始後、約２０分間は主に糖質がエネルギー源として使われ、脂肪が燃えるのはそのあとです。しかし、激しい無酸素運動では糖質を使う比率が高くなり、脂肪はあまり利用されません。２０分以上有酸素運動を続ければ脂肪が燃焼し、体脂肪を効率的に減少させることができます。ちなみに、糖質1gから得られるエネルギーは４ｋｃａｌであるのに対して、脂質は９ｋｃａｌのエネルギーが得られます。脂肪を優先的に燃やすことができればより多くのエネルギーが得られ、体脂肪も減らすことができるのです。

＊有酸素運動と無酸素運動
運動には、酸素を使って作り出したエネルギーを利用する有酸素運動と酸素を使わずに得られるエネルギーを利用する無酸素運動に分けられる。有酸素運動は、呼吸を伴う軽度～中程度で長時間の運動の継続が可能であり、多くの運動が該当する。無酸素運動は、大きな力を発揮ができるが、無酸素で作り出せるエネルギーに限りがあるため、短時間な運動にとどまる。

タウリンには、肝臓での悪玉コレステロールの合成を減らしたり、腸での脂肪の消化・吸収を高めたりと、脂肪の量の調節や働きを高める効果をもっています（第3章「肝臓とタウリン」を参照）。そこで、体脂肪の減少にもタウリンが関係していると推測されますが、はたして運動を行う際、タウリンは脂肪の燃焼を高めることができるのでしょうか？ １１名の自転車選手に自転車こぎ運動を行う1時間前に1・6gのタウリンを摂取させた研究では、９０分間の運動での総脂肪燃焼が約１６％増加しました。糖のエネルギー消費はタウリンによる効果はなかったため、タウリンには有酸素運動による脂肪の燃焼を優先的に高める効果があったことを示しています。この研究では、運動は脂肪が最も効率的に燃焼される運動強度とされている６０％**最大酸素摂取量**で行われました。わかりやすく言うと、この運動強度は汗をかく程度で、やや楽と感じ、いつまでも運動が続けられると思える程度のものです。タウリンの脂肪燃焼への効果は、このくらいの運動強度で行う有酸素運動で最も見られると考えられます。一方で、同じ程度のタウリン摂取量と運動強度で行った別の複数の検討では、タウリンが脂肪の燃焼を高めなかったという結果を示しています。この効果の違いにも、タウリン摂取のタイミングが関係しているようです。運動によるタウリンの脂肪燃焼効果がみられた研究では、タウリン摂取後に血中濃度が最もピークになるゴールデンタイム（摂取後1・5〜2時間）に運動を行っており、一方タウリン摂取後の運動試験が

＊最大酸素摂取量
単位時間（1分間）の呼吸で、体内に取り込める酸素の量を表す。有酸素運動では、運動の程度が高まると利用する酸素量が増えるため、運動の強さを把握する指標として、通常、最大酸素摂取量の何割に相当するかで示す。

この時間帯より早かったり遅かったりした研究では、効果が得られていませんでした。タウリンの運動パフォーマンスへの効果と同じく脂肪燃焼への効果も、このゴールデンタイムを逃さないことが重要でしょう。

また実験動物（ラット）での検討では、繰り返しのタウリン摂取が、習慣的運動での体脂肪や血液脂質を減少させることも確かめられています。ラットに朝晩200㎎のタウリンを摂取させて、**中強度運動**（トレッドミル走）を毎日40分間行わせたところ、運動による体脂肪率の減少効果がタウリン摂取により高まりました。またタウリンの摂取によって習慣的運動による血液中のコレステロールや中性脂肪などの脂質の減少がより大きくなりました。特にタウリンの摂取によって、血液中の中性脂肪濃度が運動開始1週後で早くも減少することが観察されています。習慣的運動は体脂肪や血液中脂質を減少させる効果がありますが、タウリンを併用することでより高い効果が得られる様です。

タウリンによって引き起こされる脂肪燃焼作用のメカニズムは、細胞の培養実験などの基礎研究によると、脂肪の燃焼を高めるカテコラミンというホルモンに関与しているものと考えられています。カテコラミンは、神経伝達物質としての働きがあるアドレナリン、ノルアドレナリン、ドーパミンといった副腎髄質から分泌されるホルモンで、運動時には交感神経の興奮により副腎髄質が刺激されることで血液中に分泌されます。血液中のカテコラミン濃度の増加は、血液中の遊

＊**運動の強度**
運動を行う上での強さの程度。運動量は、通常、運動の強さと時間に左右する。運動の強さは、走るスピード、ダンベルの重さ、跳ぶ高さなどに相当する。

離脂肪酸濃度を高めるなどの脂肪燃焼効果をもたらします。このカテコラミンの分泌は、細胞内の環状アデノシン一リン酸（ｃＡＭＰ）という物質の上昇によって促進され、このｃＡＭＰの上昇を高める酵素（アデニル酸シクラーゼ）をタウリンが活性化すると言われています。タウリンが副腎髄質内のカテコラミン産生機能に働きかけて、運動による血液中のカテコラミン濃度上昇の亢進をもたらすことが、脂肪燃焼効果につながっていると考えられます。

タウリンには運動による脂肪を燃焼させエネルギーに変える力を高めて、運動のパフォーマンスを向上させると共に、体脂肪の減少やダイエットにも有効な脂肪燃焼系アミノ酸としての横顔も持っています。

（4）運動悪から体を守る

［1］「酸化ストレス」を和らげる

運動には体力の向上やストレス解消、アンチエイジング効果など、健康を高める有益な効果がたくさんあります。しかし、日頃から運動していない人が急に運動したり、いつもよりも過剰な運動をしたりすると、一時的に体にとって強い負担がかかり、筋肉痛や肉離れ、関節痛、血圧や心拍の過度な上昇、熱中症や極度な疲労などが引き起こされ、場合によっては突然死を招くこともあり、運動が健康を害することもあります。そのため「運動は体に悪い」と主張する専門家もいます。これらの「運動悪」には、活性酸素種や炎症などが関わっています。運動中は全身の酸素消費が通常の１０倍から２０倍に増え、運動している筋肉では４０倍までに達することから、活性酸素も多く作りだされます。もともと体には活性酸素種を除去する能力が備わっているため、運動しても多くの活性酸素種は生じません。しかし、過激な運動や長時間の運動をすると活性酸素の除去能力を発生量が上回ってしまい、活性酸素が増加して生体に悪影響を及ぼします。「運動悪」から体を守り、運動の効果を最大限に発揮できるかは、運動によって過剰に産生された活性酸素による影響をいかに抑えられるかが重要となります。

タウリンには活性酸素を捕まえて除去する直接的な作用はありませんが、活性酸素による酸化ストレスから細胞を守る抗酸化作用を持っています。これまで、運動による酸化ストレスで増加する細胞傷害に和らげるタウリンの作用が多くの研究によって確認されています。実験動物を用いた研究では、ラットにタウリン３００㎎／体重（㎏）を２週間摂取させて、酸化ストレスによる筋肉損傷が生じやすい下り坂走を９０分間行わせたところ、太ももの筋肉において筋肉損傷を示す指標（クレアチンキナーゼ）、活性酸素（スーパーオキシド）の量、酸化ストレスによる筋肉傷害の指標（過酸化脂質やカルボニル化蛋白）の増加を、顕著に抑えることができました。生体内には活性酸素を除去するグルタチオンやシステインなどの生体内抗酸化物質が存在していますが、運動によりこれらの量は減少

＊活性酸素
通常、酸素原子は対になった電子を持つが、対になっていない電子を持つ原子が分子になる場合がある。この分子を活性酸素と呼び、電子が対になろうとする反応が強いため活性が高い。スーパーオキシド、過酸化水素、ヒドロキシラジカル、一重項酸がある。活性酸素の強い活性により、生体（蛋白、脂質、核酸、酵素など）が攻撃されるため、様々な悪影響が生じる。

してしまいます。ところがタウリンを投与しておいた動物では、運動による抗酸化物質の減少を抑制することができました。この研究では、タウリンには酸化ストレスに対する防御機能を高める効果に加えて、活性酸素そのものを除去する機能も同時に高めることができることを示しています。

〔2〕「筋肉痛」を和らげる

運動では過度な負荷による筋肉の伸展や、地面や対戦相手などから受ける衝撃などの機械的ストレスが生じます。筋肉の細胞が機械的ストレスを受けると、炎症や筋肉痛が発症してしまいます。たとえば、久しぶりに運動をしたときや不慣れな運動をしたとき、あるいは筋トレや山登りなどを行ったとき、その1日から2日後に、筋肉痛に悩まされる経験を誰もが持っているでしょう。この筋肉痛は激しい筋肉の収縮や伸展による筋肉細胞の小さな損傷が引き金になっています。この機械的ストレスに活性酸素による酸化ストレスが合わさり、筋肉細胞ではさらなる損傷や炎症がおきます。この筋肉細胞の損傷は、数日間のうちに**超回復**という適応反応ですぐに修復され、運動する前以上の筋力や筋肥大、代謝的能力が獲得されます。この反応は、運動の効果を得るための「必要悪」として考えられていますが、過剰な筋肉痛や炎症などは運動の習慣性や継続を妨げたり、パフォーマンスに悪影響を及ぼしたりするため、できれば最低限にとどめたいところです。

この運動後に生じる筋肉痛を、タウリンが軽減させる効果も確認されています。

＊**超回復**
運動によって微細な細胞の損傷や蛋白の分解が生じた筋肉が、休息後、運動前の機能や筋量の状態以上に回復すること。筋肉特有の回復反応であり、筋力トレーニングなどによる筋量や筋力の増加は、超回復の原理による。

成人健常男性にタウリンを２g、毎食後３回、２週間摂取した後、上腕部の**伸張性収縮運動**を施したところ、運動後にみられる筋肉痛が、タウリンを摂取しておくと抑えられたとの研究報告があります。この研究ではタウリンの摂取によって、血液の筋損傷の指標となる血液中のミオグロビンやクレアチンキナーゼの上昇も抑えられる傾向にありました。タウリンは酸化ストレスによる筋細胞の損傷を抑えることで、筋肉痛を軽減すると考えられます。これまでの研究では、２週間のタウリン摂取による筋肉痛の軽減効果が確認されていますが、運動前の栄養ドリンク１本程度のタウリンの摂取によっても効果が得られるか、たいへん興味があるところで今後の研究が期待されます。

＊伸張性収縮運動
関節を曲げようとする筋肉の収縮よりも大きい負荷により、筋肉が引き延ばされる（伸展）筋肉運動。筋力以上の重いダンベルに抗って肘を曲げようとする腕の筋肉の動きや、走る際に地面に足がついた瞬間の膝（太ももの筋肉）の動きなど、関節を縮めようとする筋肉が、反対に伸びてしまう筋肉収縮形式。発揮する筋力は大きいものの、縮まろうとする筋肉が伸ばされるため、筋肉細胞の微細断裂・損傷が生じ、筋肉痛や炎症を生じる。

〔3〕「動脈壁硬化」を和らげる

タウリンには、運動による動脈壁硬化（動脈スティフネス）を和らげる効果も確かめられています。動脈スティフネスとは動脈壁が硬くなり伸展性を失うことであり、加齢によって亢進します。血管が硬くなると血圧の上昇をもたらすため、運動の際の動脈スティフネス上昇は、高齢者では特に要注意です。この動脈スティフネス上昇予防には中強度程度の有酸素運動を習慣的に行うことが有効ですが、一方高強度や長時間の運動、筋力運動（レジスタンス運動）では酸化ストレスの増加に伴い、動脈スティフネスが悪化することがあります。最近の研究では、健常人にタウリン２gを１日３回、２週間摂取させて、レジスタンス運動を行った

後の動脈スティフネスの変化を調べています。運動後、動脈スティフネスは徐々に上昇し、3～4日後にピークに達しましたが、タウリンを摂取しておくと動脈スティフネスの上昇はみられませんでした。タウリンの摂取によって、動脈スティフネスの上昇に伴う酸化ストレスの増加もほぼ抑えられていました。タウリンは酸化ストレスを抑えることで、レジスタンス運動による動脈スティフネスの上昇を防いでいるようです。血圧が気になる方は、習慣的にタウリンを摂取しておくことで血管への負担が減り、過剰な血圧の上昇を抑えられることが期待できるようです。

運動を行うと多くのメリットがある反面、時には「運動悪」というデメリットが生じます。特に活性酸素は、細胞を傷害することから多くの疾患や発癌に関与するため、万病の原因とされており、老化を早めるとも言われています。習慣的に運動を行うと、活性酸素の発生を抑えたり、防御機能が高まったり、さらには回復が早まったりなどの効果が得られます。タウリンには、これら「運動悪」に対する防御機能を高める働きが多く確認されており、タウリンの摂取によって運動のメリットをより効果的に高めることが期待できるでしょう。

(5) こむら返りとタウリン

こむらがえりは、腓（こむら）と呼ばれるふくらはぎ部分の筋肉がつることですが、ふくらはぎ以外でも腕や首、ふとももなどでも起きることから、筋肉の痙攣症状の総称でもあり、通常激しい痛みを伴うため、たいへんつらい症状です。こむらがえりは、マグネシウム、ビタミン、カルシウム、カリウムなどのミネラル不足や脱水、冷えなどの体温の低下や異常気温、疲労の蓄積や運動不足など様々な原因でおきます。そのなかで、タウリンの不足も原因の1つに挙げられます。日本では、タウリンは肝臓病で併発するこむらがえりに医師から処方されるお薬としても扱われています。肝硬変症の患者には、夜間の就寝中に手足にこむらがえりを起こす方が多くみられます。肝硬変症では代謝の中心臓器である肝臓の働きが減少するため、全身の臓器で栄養代謝が障害されており、タウリンも筋肉で著しく低下します。タウリンは、筋肉が収縮したまま固まってしまう筋硬直性ジストロフィー症の筋肉の過剰興奮（過剰収縮）を緩和するとの研究成果があり、同様に、肝硬変症のこむらがえりに対しても、症状を緩和させる効果が報告されています。こむらがえりなどの筋肉の痙攣や過剰興奮は、健康な方でも運動中や睡眠中に経験される方も多いでしょう。そのなかには、発症時に筋肉中のタウリン量が一時的に少なくなっている方もおられるかも知れません。筋肉の痙攣を起こしやすい方は、日頃から魚介類などタウリンが多い食材を食べ、タウリン不足にならないように気をつけることが予防に大事だと思われます。

2. 美容：皮膚におけるタウリン

(1) はじめに

季節によって変化する温度や湿度、紫外線、冷・暖房などは、肌に大きな影響を及ぼします。また、排気ガスや土ぼこり・花粉などの外気の汚れも肌ストレスの原因となります。女性は特に肌に対する関心が高く、毎朝鏡をのぞき込みながらお肌の調子や化粧ノリを気にされている方も多いと思います。肌の健康を維持し、肌を美しく見せたいという女性の強い願望があり、企業もさまざまなタイプの化粧品を開発・販売しています。近年、肌の生理的な機能の解明が進み、新しいメカニズムや考え方に基づいた化粧品も出てきました。また美容だけでなく、アトピー性皮膚炎や乾癬などの皮膚に関連した疾患の原因も解明されつつあり、新しい治療薬や治療法が登場しています。肌に存在するさまざまな物質がどのように作用し、どのようなメカニズムで皮膚の機能が維持されているか、また肌あれや肌の老化がどのようにして起こるのか、などが徐々に明らかとなってきました。さらに、体全体の健康状態が肌に影響することが知られており、その代表例は便秘です。最近、腸内細菌叢や腸内フローラと呼ばれるさまざまな腸内細菌の集まりが、肌を含め全身の健康に影響を与えることがわかってきました。良い食生活により腸の善玉菌を増やし、腸の健康を維持することが肌にとっても重要です。飲んで美しくなることを謳った健康食品も発売されており、体の中から健康になることがお肌の健康にも大切です。

第1章で述べたようにタウリンは全身に分布し、細胞や組織の機能維持にとって重要であることがわかっています。皮膚にもタウリンが多く存在するのですが、心臓や肝臓などの主要臓器に比べて皮膚におけるタウリンの役割については、これまであまり注目されてきませんでした。しかし最近、タウリンと皮膚の機能についての研究報告が徐々に増えてきました。タウリンは第2の皮膚バリアといわれるタイトジャンクションのある表皮の顆粒層に高濃度存在し、浸透圧調節作用により表皮の水分量を調節したり、紫外線などの皮膚傷害性刺激から皮膚を保護している可能性が見えてきました。ここでは皮膚におけるタウリンの分布と皮膚における細胞保護作用について、最近の報告を交えながら解説します。

（2）皮膚のバリア機能とタウリン

皮膚は機械的な力、細菌や化学物質などさまざまな外部刺激から体を保護し、体内の水分が失われるのを防ぐ重要な役割を担っています。体の全体を覆う皮膚は、体重の約１５％を占める身体最大の器官で、

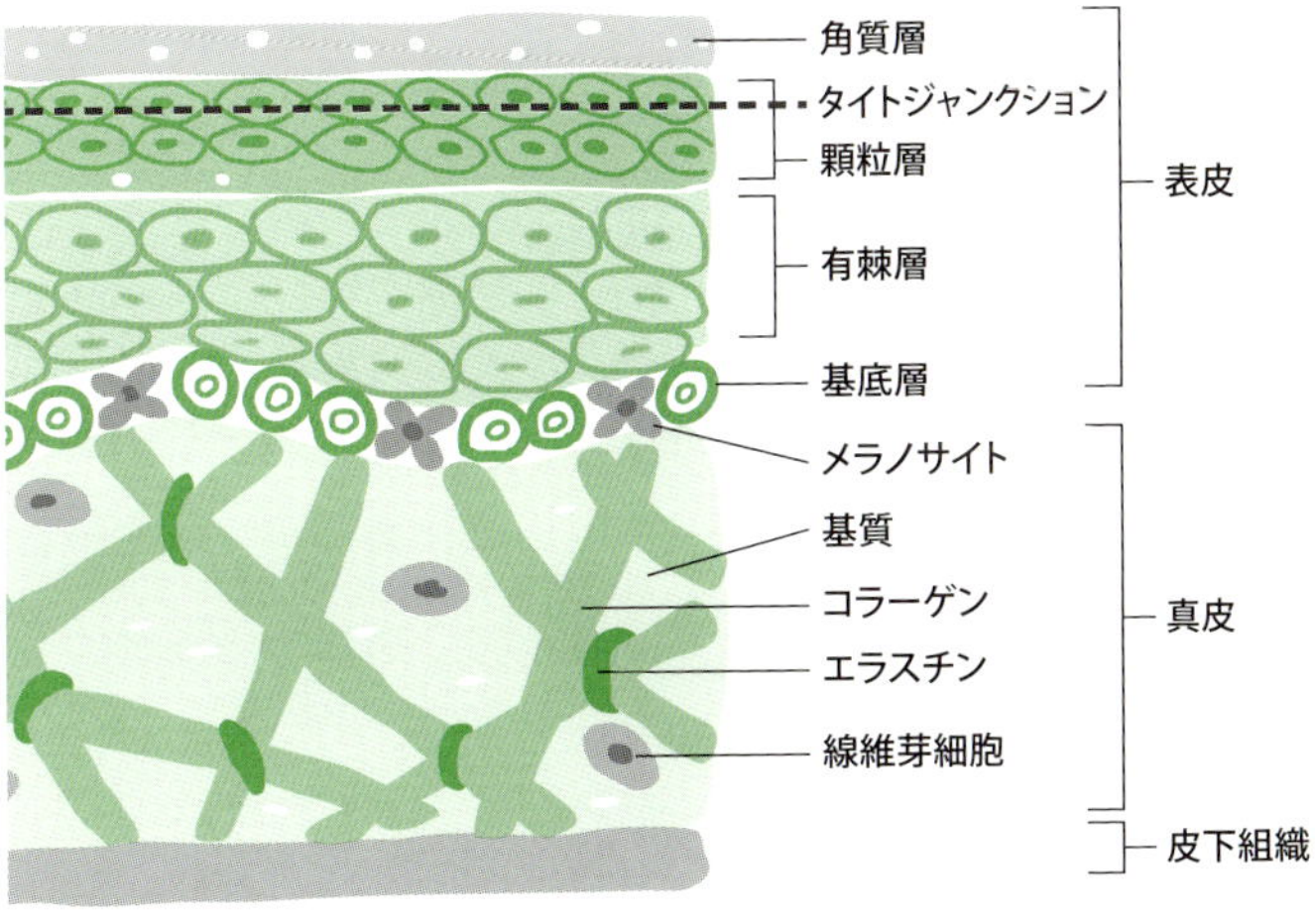

図２－２　皮膚の構造

重さは約４kg、総面積は畳１畳分に相当する約１・６㎡もあります。皮膚には感覚神経があり、痛み、圧力、温度などを感知します。また皮膚は体表の血管の血流量を変えたり、汗腺から汗を出すことで体温調節も行っています。

　皮膚は表面側から、表皮、真皮、皮下組織という３層構造で成り立っており、皮膚の一番外側にある表皮は厚さがわずか０・２㎜で、角質層、顆粒層、有棘層、基底層から成り立っています。表皮の一番下層の基底層では、細胞分裂により新しい角化細胞（ケラチノサイト）が常に作り出されており、これらの細胞は２週間かけてゆっくり上へ押し上げられて有棘層や顆粒層となり、最終的に角質細胞となって角質層を形成します。角質細胞は死んだ細胞であり、２週間程度で垢となり皮膚表面から剥がれ落ちていきます。このような新陳代謝により、約４週間周期で皮膚は新しい組織に生まれ変わっていきます。

　皮膚の重要な働きであるバリア機能を担っているのが、表皮の一番外側にある角質層です。角質層はケラチンというタンパク質が主成分の角質細胞が、レンガ壁の「レンガ」のように規則的に重なった構造をとっています。「レンガ」の間を埋めるセメントにあたるのが、セラミドなどの細胞間脂質とアミノ酸や尿酸などの天然保湿因子ＮＭＦ

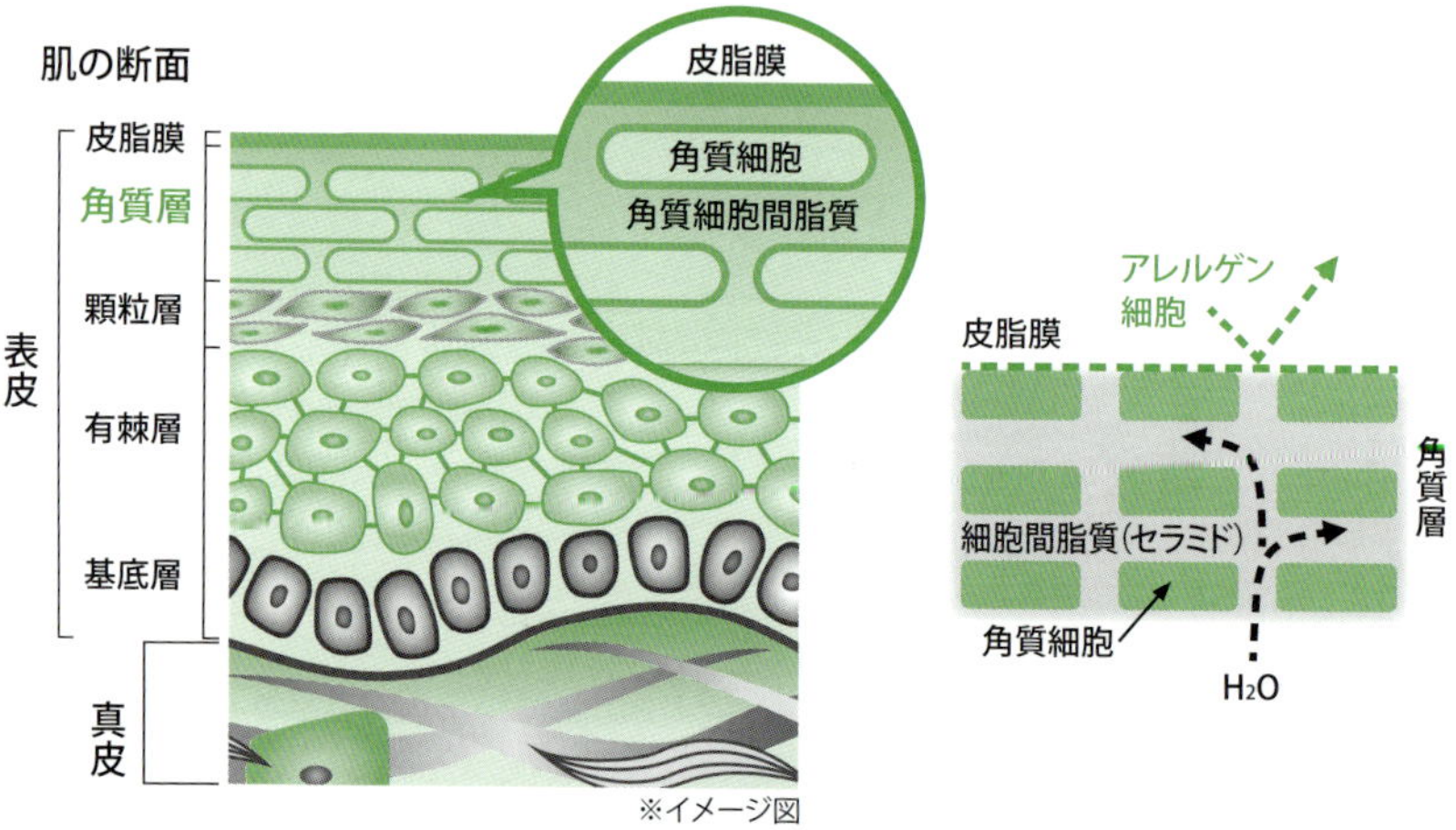

図２－３　角質細胞と細胞間物質

（Natural Moisturizing Factor）で、その間に水分が蓄えられています。水分保持力を持つセラミドとＮＭＦが角質細胞を強くつなぎ合わせることにより、皮膚バリアという壁が形成され、外部からの異物侵入と水分の蒸発を防いでいます。健康な大人でも角質層を通して１日４００mlの水分が蒸散していますが、皮膚バリアがダメージを受けて機能が低下すると水分の蒸散量が増えて肌が乾燥します。またハウスダスト、ダニの死骸、刺激物質などが皮膚に入り込み、アレルギーやアトピー性皮膚炎の原因となります。最近、角質層の下の顆粒層に存在する**タイトジャンクション**もバリアとして重要な働きを担っていることがわかってきました（第2のバリアと呼ばれています）。後述するように、ここにタウリンが高濃度に存在しています。紫外線はタイトジャンクションの構造を破壊し、バリア機能を低下あるいは消失させます。タイトジャンクションの機能が低下すると、皮膚のpHが正常な弱酸性から中性へと変化し、これによって角質のバリア機能として重要なセラミドやＮＭＦが減少し、皮膚の保湿能力が低下することが報告されています。

　表皮の下には真皮があり、コラーゲン線維とそれを支えるエラスチンでできています。その間に保湿成分のヒアルロン酸が存在し、お肌のみずみずしさと柔軟性を維持しています。真皮には線維芽細胞があ

＊タイトジャンクション
細胞と細胞をつなぎ合わせているタンパク質の構造物を指し、消化管や皮膚に存在しています。タイトジャンクションにより壁のようなバリアが形成され、皮膚の細胞と細胞の隙間から水分が失われるのを防ぐとともに、外部からの有害物質が細胞間隙を通って体内に侵入するのを抑制しています。

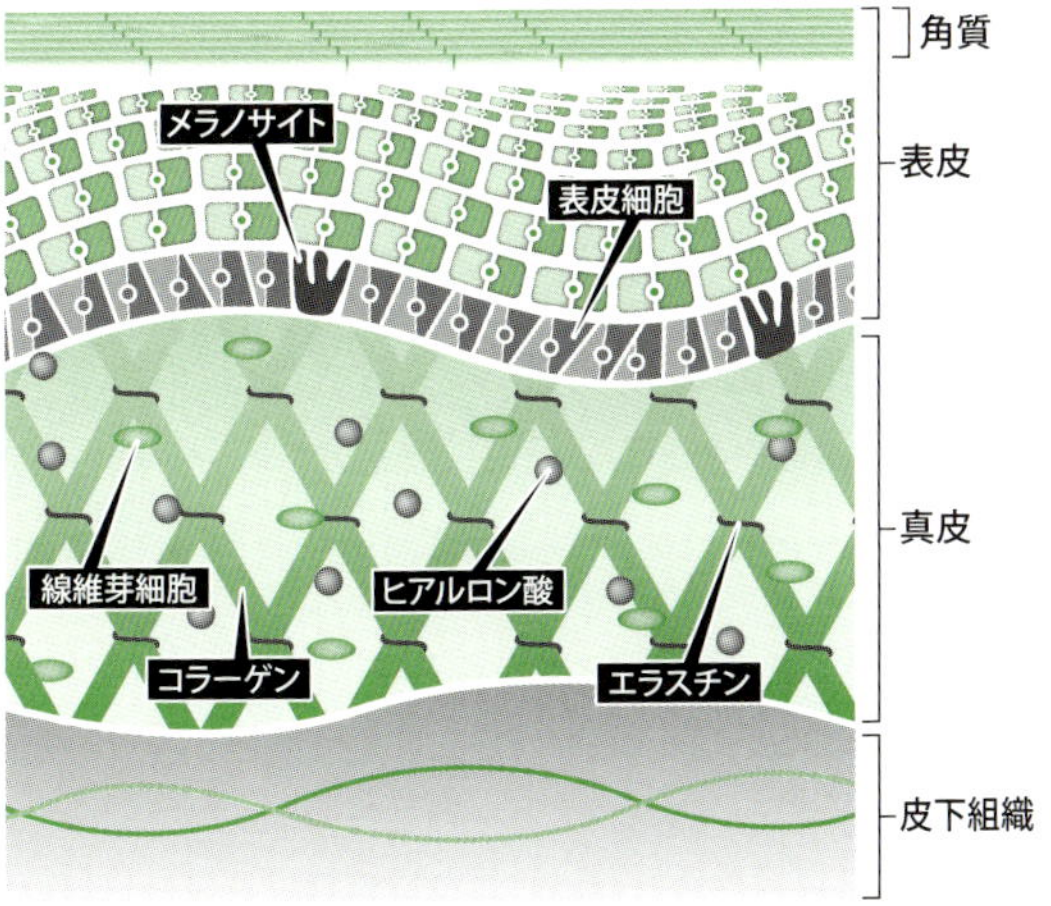

図２－４　真皮の構造

り、コラーゲン、エラスチン、ヒアルロン酸を産生しています。紫外線や加齢により線維芽細胞が減少したり機能が低下すると、コラーゲンやヒアルロン酸の産生量が減って表皮を支える力が弱まり、シワやたるみの原因となります。このため、コラーゲンやヒアルロン酸が肌の潤いや弾力を示すキーワードとして使われています。真皮には毛細血管が分布し、表皮の下層の基底細胞や線維芽細胞に栄養や酸素を供給しています。

(3) タウリンは皮膚のどこに多いのか？（皮膚におけるタウリンの分布）

タウリンが皮膚にも存在し、ラットにタウリンを投与すると皮膚や毛髪にもタウリンが移行することは、１９７０年代に論文として報告されています。ですが皮膚におけるタウリンの役割についてはほとんど検討がなく、注目されていませんでした。タウリンの生体内での重要な生理作用の1つが浸透圧調節作用であることがわかり、皮膚の重要な役割が水分調節であることなどから、皮膚におけるタウリンの機能について２０００年以降徐々に研究が行われるようになってきました。

タウリンは皮膚において、どのように分布しているのでしょうか？皮膚での分布がわかると、その作用が見えてきます。まずタウリンは真皮には少なく、表皮に多く存在していることがわかっています。上で述べたように、角質層のセラミドなどの細胞間脂質とアミノ酸や尿素などの天然保湿因子ＮＭＦが水分を保持して、肌の乾燥を防いでいます。健康な肌では皮膚の表面の水分含量は約１５％、角質層とその下の顆粒層の接触面で約３０％、その下層の有棘層では水分含量は７０％に達します（図２―５）。皮膚が乾燥状態にさらされると、肌の水分含量が変化し、浸透圧の乱れが引き起こされます。このような浸透圧変化は細胞の大きさを変化させ、細胞に大きなダメージを与えます。

ここで登場するのが浸透圧調節機能を持つタウリンです。一般のアミノ酸にも浸透圧調節機能がありますが、皮膚における分布はタウリンと異なります。タウリンが表皮の顆粒層に多く存在するのに対して、一般のアミノ酸にはこのような特異的な分布は見られず、ほぼ皮膚全体に存在しています。タウリンの分布から、タウリンの浸透圧調節作用を介した皮膚、特に表皮での水分調節への関与が示唆されます。先に述べたように、顆粒層にはタイトジャンクションと呼ばれる第２のバリアが存在していることを考えると、タウリンがタイトジャンクションになんらかの影響を与えたり、顆粒層においてバリア機能の維持や増強に関わっている可能性があります。細胞膜を介したタウリンの細胞への取り込みは、タウリンの運び屋であるタウリントランス

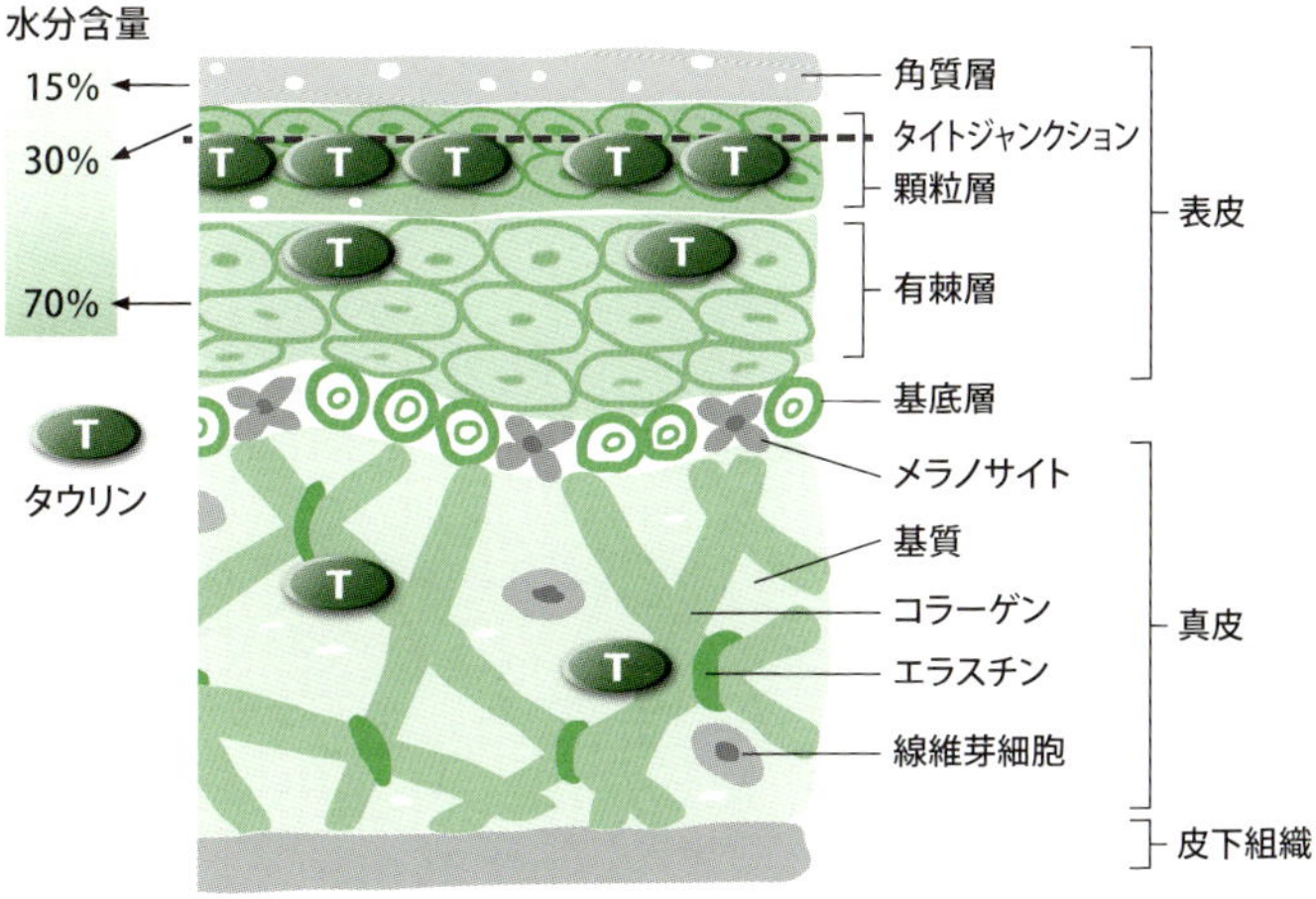

図２－５　表皮の水分含量とタウリンの分布

ポーターと呼ばれるタウリンの輸送体により行われます。皮膚におけるタウリントランスポーターの分布を見てみると、タウリンの分布とほぼ一致しており、表皮の顆粒層で最も多く、表皮の基底層や角質層、真皮では、ほとんど認められません。このことからタウリンは表皮の顆粒層に多く存在し、タウリントランスポーターによって、細胞へのタウリンの取り込みが盛んに行われていると考えられます。

（4）タウリンは紫外線や乾燥から皮膚を守る

タウリンは表皮細胞の正常な機能維持と水分保持において重要な働きを担っていると考えられます。紫外線は細胞の遺伝子を傷つけ、活性酸素や炎症性物質の発生を促進して、皮膚の機能を低下させます。皮膚が紫外線にさらされたり乾燥状態になると、表皮の顆粒層においてタウリンの蓄積が増加することが報告されています。これは外部からの皮膚刺激に対する生体の防御反応の1つと言えます。ヒト培養皮膚細胞を用いた実験から、細胞に紫外線（ＵＶＡ）を照射するとタウリントランスポーターの発現が増加し、細胞内へのタウリンの取り込みが増加します。また細胞培養液にタウリンをあらかじめ添加しておくと、紫外線照射（ＵＶＡ）による皮膚細胞における炎症性物質の産生と蓄積が抑制されます。これらのデータから、表皮細胞では紫外線に対して細胞内のタウリンを増加させること

表皮側に多く存在し
その浸透圧調節作用から
タウリンは肌の水分調節に
関係すると考えられているよ

により、紫外線が引き起こす炎症や活性酸素の発生などの有害な細胞傷害作用を抑制し、細胞を保護していることが予想されます。

ヒトの皮膚でタウリンの作用を検討した報告がいくつかあります。ヒトの皮膚へ界面活性剤を繰り返し塗布することにより、バリア機能が低下し皮膚の水分損失がおこります。このときタウリン溶液を皮膚に塗っておくことで、水分の低下は有意に抑止されました。また健常なヒトにおける界面活性剤による皮膚刺激や皮膚の水分蒸散量に対して、パッチテスト(界面活性剤を付けた試験紙付きのフィルムを腕などの肌に貼り、１日～２日放置して肌の変化を見る試験）によりタウリンの作用を検討した報告があります。この試験では界面活性剤が皮膚と接触すると皮膚刺激により皮膚バリアが破壊され、皮膚からの水分の蒸散量が増加します。タウリンを塗布しておいた皮膚では界面活性剤による皮膚刺激が軽減され、水分の蒸散量の増加も抑制されました。皮膚バリア破壊のモデルとして、皮膚の培養細胞に界面活性剤を添加する実験が行われています。界面活性剤の添加により引き起こされる皮膚細胞に対する刺激性と炎症はタウリンが存在すると軽減され、タウリンはバリア脂質であるセラミド、コレステロール、脂肪酸の合成を促進しました。

ヒアルロン酸は高分子多糖で水分保持力に優れています。皮膚の細胞間隙にはヒアルロン酸が存在し、肌のハリや弾力性を維持しています。加齢による皮膚の

みずみずしさの低下にはヒアルロン酸の減少が関係していると言われています。ヒト皮膚の線維芽細胞を用いた試験から、培養液にタウリンを添加すると細胞のヒアルロン酸合成酵素の遺伝子発現が高まり、ヒアルロン酸の産生量が増加することが報告されています。さらに、タウリンを飲水に溶かしてマウスに4ヶ月間与えると、表皮のヒアルロン酸増加が認められています。この作用は関節の滑膜細胞でも認められ、タウリンがいろいろな細胞に働きかけて保湿成分のヒアルロン酸を増加させる可能性があります。

またマウスの試験から、タウリンは傷の治癒（創傷治癒）を促進することが報告されています。タウリンが徐々に遊離するゲルをマウスの皮膚の傷害部位に7日間適用することで、組織修復に重要な皮膚のコラーゲンの増加が促進し、皮膚の強度を示す引っ張り強度の改善が見られました。タウリンを適用した傷害部では、傷の治癒を妨げている活性酸素の発生が抑制され酸化物質の量が低下していたことから、タウリンの抗酸化的な作用が創傷治癒の促進に関係していると解釈されます。

このようにタウリンが表皮に高濃度存在し、浸透圧調節作用などにより細胞を保護することでバリア機能の低下を抑えて、紫外線や乾燥から肌を守っている研究結果がヒトを含め報告されています。肌の健康維持に必要なタウリンですが、どうすれば肌のタウリンを増やせるのでしょうか？タウリン入りの化粧水なども販売されていますが、タウリンを肌に塗るのが良いのでしょうか、それともタウリンの多い食事を摂った方が良いのでしょうか？

ヒトの皮膚における詳しい検討結果はありませんが、タウリンは水に溶けやすい化合物であるため、健常な皮膚に直接塗布した場合、外側の角質層にとどまり下層に浸透することはないと考えられます。ヒトの試験において、皮膚へのタウリン塗布が界面活性剤によるバリア機能低下作用に有効であったことから、皮膚へのタウリン塗布でも一定の効果は得られるようです。マウスやラットではタウリンを経口投与したり、エサに混ぜて与えると表皮のタウリン量が増加し、皮膚の水分減少が抑制されることが報告されています。真皮には血管が存在しており、摂取したタウリンは小腸から吸収された後、血液を介して真皮や表皮の下層に運ばれることが考えられます。したがって、ヒトでもタウリンを摂取することで、皮膚のタウリン含量が増加する可能性があります。皆さんが一番知りたいのは、動物で報告されているように、タウリンを多く摂取することでほんとうにお肌の調子が良くなるの？ということだと思います。残念ながら現段階では、ヒトでそのような検討を行ったという報告は見当たりません。今後、タウリンそのものやタウリンを豊富に含む魚介類の摂取と、皮膚の水分量やバリア機能との関係を検討することにより、動物で見られたタウリンの効果がヒトでも証明されることが期待されます。

3．アンチエイジング：老化におけるタウリン

（1）はじめに

アンチエイジングを直訳すると抗老化や抗加齢という日本語になりますが、時計の針を無理やり逆戻りさせて若返らせるわけではなく、老化のスピードを遅らせるというのが現実的な解釈です。ここでは、これまでに得られている老化に対するタウリンの作用について解説します。

（2）タウリンは古来より生薬成分として使われていた

ヒトは昔から不老長寿を追い求めてきました。古くは、秦の始皇帝が不老不死の薬を手に入れようとした徐福伝説は有名な話です。かぐや姫が登場する日本の竹取物語でも、不老不死の秘薬と不死山に由来する富士山の話が出てきます。

中国の最古の書物のひとつに「神農本草経（しんのうほんぞうきょう）」という薬学書があり、生命を養う薬（養命薬）など３６５種の生薬が収められています。その中のひとつに牛黄という薬があります。これは牛の胆嚢中にある結石（胆石）です。この書物には牛黄には養命の作用があることが記されています。日本薬局方という医薬品に関する品質規格書にも牛黄は収載されており、血圧降下作用、解熱作用、低酸素性脳障害保護作用、鎮痛作用、鎮静作用、強心作用、利胆作用、鎮痙作用、抗炎症作用、抗血管内凝固作用などさまざまな作用が記載されています。第1章でも記載したとおり、タウリンは牛の胆石に多く含まれている成分ですので、牛黄の〝生命を養う〟作用にタウリンが一役買っていると思われます。

現代でも、老化を遅らせたり寿命を延ばしたりする作用を持つ薬や食物の研究が盛んに行われ、老化の仕組みについても細胞レベル、分子レベルで詳細なことが分かってきました。最近の研究から、タウリンは体の中で老化を遅らせるような働きを担っているのではないかと考えられています。

（3）タウリンが老化を抑える？

では、タウリンと老化との関連について詳しく見ていきましょう。ラットにタウリンを投与して寿命への影響を調べた研究がありますが、寿命には影響はありませんでした。第1章で述べたように、ラットやマウスのようなネズミは体内でタウリンを多く作ることができ、もともとタウリン量が豊富であるため、タウリンをさらに投与してもあまり変化がなかったのかもしれません。これはあくまで健康なラットに投与し続けたときの場合です。

それでは逆に体内のタウリンを欠乏させるとどうなるのでしょうか。食事や餌で摂取されたタウリンは、細胞膜にあるタウリントランスポーターと呼ばれるタ

ウリンの運び屋（輸送体）によって細胞内に取り込まれます。この輸送体が欠失したマウスを人為的に作って観察した研究があります。このタウリン欠乏マウスでは、予想通り心臓や筋肉などあらゆる組織のタウリン量が健康なマウスに比べ80％以上減少していました。タウリンは胎児の成長にも重要ですので、生まれてくる前や生まれて早い段階に臓器不全で死ぬのではないかと予想されましたが、体が少し小さいだけで外見も普通のマウスと変わらず、すぐには死にませんでした。しかしタウリン欠乏マウスは、心臓の壁が薄くて収縮機能に異常が見られました。また運動能に異常にあることがわかりました。タウリン欠乏マウスをトレッドミルで走らせると、すぐに走れなくなったのです。第2章「スポーツ」の項でも紹介されているように、タウリンは筋肉の収縮や筋肉のエネルギー産生において重要であることが明らかにされており、タウリン欠乏のため筋肉の働きとエネルギー供給に異常が引き起こされ、運動能が低下したと考えられます。これ以外にもタウリン欠乏マウスでは、脳機能の異常、創傷治癒の遅延（傷の治りが悪くなる）、免疫力の低下、加齢に伴う肝硬変の発症、視覚、聴覚、臭覚の異常などさまざまな障害が認められています。

さらに長く飼育してみると、タウリン欠乏マウスは普通のマウスに比べて寿命が短いことがわかりました。マウスの寿命は通常2～3年ですが、タウリン欠乏マウスの寿命は1～2年でした。マウスの組織を詳しく調べてみると、タウリン欠乏マウスでは足の筋肉の老化が進んでいることがわかりました。また、細胞の老化の指標となるｐ１６と呼ばれる遺伝子がタウリン欠乏マウスの筋肉で多く見られました。これはタウリンの欠乏により、細胞の老化が促進していることを意味しています。このようにタウリンが欠乏したマウスの研究から、タウリンが細胞の中で老化を遅らせる働きを持っている可能性が示されました。

日本は世界でトップレベルの長寿国ですが、介護を必要としない「健康寿命」は平均寿命より１０年前後短くなっています。健康寿命の延伸を妨げているのが、いわゆるロコモティブシンドローム（運動器症候群）です。ロコモティブシンドロームでは、筋肉、骨、関節などの運動器の障害により寝たきりや要介護、さらには認知症のリスクが高まります。高齢者がいつまでも元気で過ごすためには、筋力や骨量の維持・低下抑制が重要です。タウリンには上で述べた筋力の維持作用以外にも、骨の機能維持作用や軟骨成分の合成を増加させる作用も報告されており、タウリンが高齢者のロコモティブシンドロームの抑制に有効である可能性が考えられます。今後ヒトでの試験により、タウリンの効果の証明に期待が持たれます。

（４）認知機能とタウリン

近年、老化に伴う認知症患者の増加が大きな社会問題となっています。タウリ

ンと認知機能についてもいくつか研究があります。アルツハイマー病に限らず、老化とともに記憶力が衰えてきます。タウリンの認知機能に対する作用は、マウスを用いた受動的回避行動テストという試験により評価されています。まずこの試験を簡単に説明します。マウスが入れるようつながった2つの箱を用意し、1つは明るい部屋、もう片方は暗い部屋にしておきます（明暗箱）。マウスは暗い環境が好きなので暗い部屋に行きたがるのですが、暗い部屋のほうにだけ床に電気ショックがかかる装置を仕掛けておきます。このような仕掛けのある明暗箱にマウスを入れてどちらの部屋にどのくらいの時間いたかを観察します。実験最初の日、マウスは暗い部屋に侵入すると電気ショックを受けるため直ちに明るい部屋に戻ります。これで学習の完了です。翌日、同じようにマウスを明暗箱に入れるのですが、マウスが前日学習したことを記憶していれば、電気ショックのある暗い部屋には侵入しません。若いマウス（2ヶ月齢）と高齢マウス（16ヶ月齢）をこのテストで比較すると、明らかに結果が異なり、2日目、若いマウスは前日学習したことを記憶していて暗い部屋には行かず明るい部屋にとどまるのですが、高齢マウスは1日目と同じようにすぐに暗い部屋に侵入してしまいます。それから3日目以降の試験でも、高齢マウスは電気ショックのことを学習することなく、すぐに暗い部屋に入っていってしまいます。しかし、タウリンを8ヶ月間与えた続けた高齢のマウスでは3日目くらいから学習効果が表れ、暗い部屋を警

戒するようになります。また、１４日後に改めて同じ試験を行っても暗い部屋への警戒心は覚えているのです。つまりタウリンを与え続けたマウスでは、認知機能が維持されていたのです。マウスを用いたこの実験から、タウリンが認知機能の維持に重要な働きをしていることが分かります。

アルツハイマー型認知症の研究でも、タウリンの有効性が示唆されています。アルツハイマー型認知症の原因の１つとして、脳の中でつくられる老廃物であるアミロイドβの蓄積があります。これによって脳神経細胞が死滅していき、認知症が発症します。

試験管の中でアミロイドβとタウリンを混ぜると、アミロイドβの蓄積が抑制されることが報告されています。これとは別に、培養した神経細胞にアミロイドβを添加すると神経細胞死が起こりますが、細胞をあらかじめタウリンで処理しておくと細胞死が抑制されることがいくつかのグループから報告されています。さらにＡＰＰ／ＰＳ１マウスというヒトのアミロイドβを脳に蓄積する認知症モデルマウスにおいて、タウリン投与の影響を調べたデータもあります。このマウスにタウリンを６週間毎日与えておくと、先ほど登場した明暗箱を用いた回避行動テストにより評価

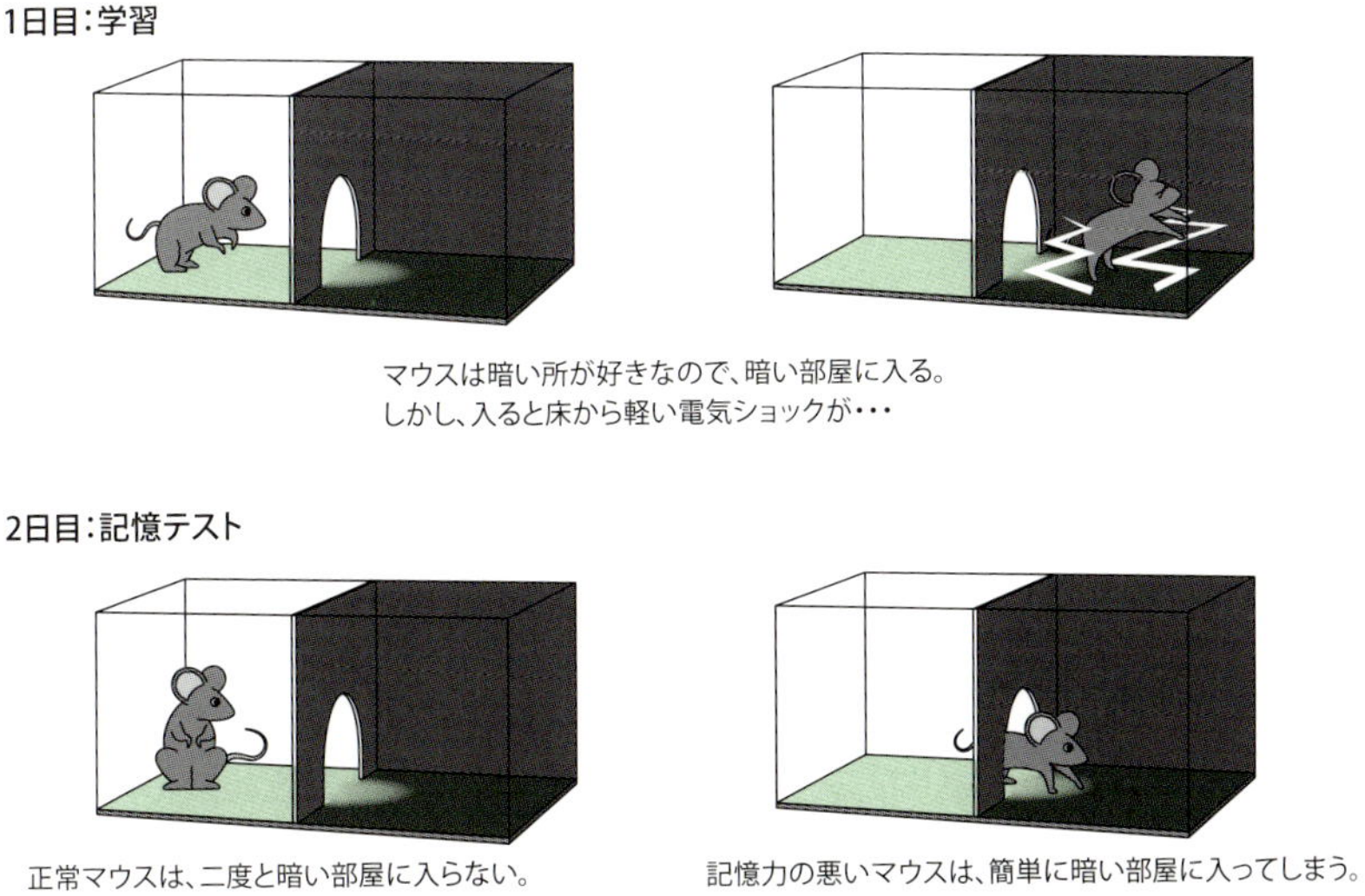
1日目：学習
マウスは暗い所が好きなので、暗い部屋に入る。
しかし、入ると床から軽い電気ショックが・・・
2日目：記憶テスト
正常マウスは、二度と暗い部屋に入らない。
記憶力の悪いマウスは、簡単に暗い部屋に入ってしまう。

図２－６　受動的回避テスト

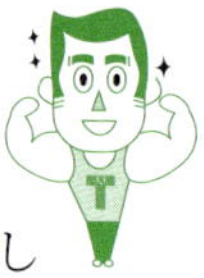

した記憶力の低下が改善されました。マウスの脳を取り出し、アミロイドβの蓄積状況を調べた結果、タウリンはＡＰＰ／ＰＳ１マウスの大脳皮質におけるアミロイドβの蓄積を抑えることができたと報告されています。

これらは、タウリンを摂取することでアルツハイマー型認知症を遅らせることができる可能性を示す知見ですが、ヒトでもタウリン摂取により同様の効果が見られるのか、今後の検討が必要です。

タウリンが胎児や乳幼児の脳の発達や機能維持において重要な役割を担っていますが、加齢や高齢者の認知症発症における脳機能の維持においても、タウリンが関係している可能性があります。

4. 生活習慣病：メタボリックシンドロームとタウリン

(1) はじめに

生活習慣病は「食習慣、運動習慣、休養、喫煙、飲酒等の生活習慣が、その発症・進行に関与する疾患群」と定義づけられており、肥満や循環器病、大腸がん、歯周病、アルコール性肝疾患などが該当します。この中で、肥満、高血圧、高血糖、脂質代謝異常に着目したメタボリックシンドローム（通称メタボ）という概念が、日本内科学会をはじめとする8学会によって２００５年に定義づけられました。翌年２００６年の流行語大賞でトップ１０入りしたこともあり、メタボリックシンドロームという言葉を耳にしたことのある方は多いと思います。特に肥満や糖尿病患者は世界中で爆発的に増加しており、大きな問題となっています。

メタボリックシンドロームは、**内臓脂肪**型肥満（内臓脂肪が過剰に蓄積しているタイプの肥満）を必須とし、高血圧、高血糖、脂質代謝異常のうち２つ以上に当てはまる状態と定義されています。

高血圧や高血糖、脂質代謝異常は互いに合併しやすく、また血管の機能を悪化させることによって、動脈硬化性疾患の発症リスクを増やすことが分かっています。そして最近の研究で、内臓脂肪が様々な物質を分泌し、これら疾患を悪化させること、内臓脂肪型肥満にこれら疾患が合併すると、動脈硬化性疾患の発症リスクが大幅に増加することが分かってきたのです。厚生労働省が実施した平成26年人口動態統計によると、動脈硬化性疾患である心疾患、脳血管疾患による死亡者数は、２つを併せると24・5％、およそ4人に1人が亡くなっています。このことから専門家はメタボリックシンドロームという概念を作り、その予防や治療の重要性を啓蒙してきました。

タウリンがメタボリックシンドローム、そして動脈硬化性疾患の発症や進展を抑制することが、多くの研究で明らかにされています。本項では、それら事例を順番に紹介します。

＊内臓脂肪

体脂肪には、皮膚の下に蓄積される皮下脂肪と、内臓のまわりにつく内臓脂肪があります。皮下脂肪は下腹部や太もも、お尻などに付きやすく、女性に多くみられます。一方、内臓脂肪は腸管などの内臓の周りに付く脂肪で、男性に多く見られます。おなかに付いていて、つまめるのが皮下脂肪、つまめないのが内臓脂肪です。内臓脂肪は様々な物質を血液中に分泌し、メタボリックシンドロームを悪化させることがわかってきました。

（2）肥満症とタウリン

肥満は脂肪組織に脂肪が過剰に蓄積した状態を指しますが、病的な肥満とそうでない肥満があります。日本肥満学会が作成した肥満症診断基準2011では、病的な肥満を「肥満症」と定義しています。具体的には、①肥満の指標である**BMI（体格指数）**が25以上で肥満に原因があるか、肥満に関連していて減量を必要とする健康障害を伴う状態と、②BMI25以上で健康障害はないが内臓脂肪面積が100㎠以上と診断された状態を、肥満症と呼びます。肥満症が進行すると、高血圧症や糖尿病、脂質異常症、狭心症、心筋梗塞、脳卒中、動脈硬化症などの疾患を発症するリスクが高くなるので注意が必要です。

タウリンの肥満に対する作用は、遺伝的に肥満を発症するモデル動物（KKマウス）の体重増加をタウリンが抑制するという1970年の報告が最初です。KKマウスは過食を伴って肥満を発症することが知られていますが、タウリンを混ぜた食餌をKKマウスに与えたところ体重増加が抑えられ、その効果が長期にわたって持続しました。また最近では、過食を伴わずに脂肪を蓄積する中枢性肥満ラットにおいても、タウリンが内臓脂肪の蓄積や脂肪肝を改善しました。珍しい研究としては、線虫を使った試験があります。線虫は神経系から生殖器系まで、全ての器官を有する体長1ミリメートル程度の生物です。寿命が3週間と短いために、老化研究によく使われます。線虫に脂肪分の多いエサを与えると体内に脂

＊BMI（体格指数）
BMI（body mass index：体格指数）は、体重(kg)÷(身長(m))^{2}で計算することが出来ます。計算方法は世界共通ですが、肥満の判定基準は国によって異なります。日本肥満学会ではBMI22を標準体重として、25以上の場合を肥満としています。肥満症の診断において内臓脂肪の測定は重要ですが、機器が充分に普及していないこともあり、簡便に計算できるBMIが使用されています。

肪を蓄積しますが、タウリンの添加によって脂肪の蓄積が減少することが報告されています。肥満者に対するタウリンの効果としては、過体重のヒト３０名を対象とした比較試験が行われており、タウリンを１日３g、７週間投与すると、体重と血中の中性脂肪値が低下したと報告されています。

それではタウリンはどのようにして肥満を抑制するのでしょうか？　脂肪を多く含んだ餌を与えて肥満を発症させたマウスでは、血中のタウリン量が減少していることがわかっています。ヒトでも肥満や糖尿病患者では血中タウリンの減少が報告されています。このことから、タウリン不足が肥満の原因ではないかと考えている研究者もいます。またタウリン量が少なくなる原因として、脂肪組織でタウリンの合成酵素（システインジオキシゲナーゼ）が減少することが報告されています。一方で、タウリンを投与すると脂肪組織でエネルギー産生にかかわる遺伝子（ＰＧＣ—１α、ＰＰＡＲα、ＰＰＡＲγ）の量が増加し、エネルギー産生が促進されることも明らかになっています。つまり不足したタウリンを補給することによって、脂肪の燃焼が増えてエネルギーが消費され、過剰に蓄積された脂肪が減ると考えられています。

また肥満と関連した疾患として、飲み過ぎや食べ過ぎによって肝臓に脂肪がたまる「脂肪肝」があります。特に、アルコールを飲まない人におこる脂肪肝は非アルコール性脂肪肝炎（nonalcoholic steatohepatitis: NASH）と呼ばれ、肥満患者の増加に伴い最近急増している肝臓病の１つです。タウリンはネズミの脂肪肝やＮＡＳＨモデルにおいて、効果を示すことが報告されています。また、タウリンはヒトでも脂肪肝の改善作用が報告されています。たとえば、小児の単純性肥満者２名に１日６ｇのタウリンを１６週間投与した研究では、脂肪肝が改善しました。また、脂肪肝を有する単純性肥満の小児１０名の肝機能をタウリンが改善したという報告もあります。ＮＡＳＨは肝細胞への脂肪蓄積の酸化ストレスや炎症反応が加わり発症すると考えられており、メカニズムとしてタウリンの持つ脂質代謝改善作用や抗酸化作用の関与が示唆されます。

(3) 高血圧症とタウリン

タウリンと高血圧症の関係は、タウリン研究の中でも特に盛んに研究が行われてきた分野の１つです。加齢とともに高血圧や脳卒中を発症する高血圧自然発症ラット（ＳＨＲ）や脳卒中易発症ラット（ＳＨＲＳＰ）を用いてタウリンの効果が検討され、タウリンを投与したラットでは血圧の上昇が抑えられることが明らかにされました。また高血圧症患者１９名を用いた比較試験において、１日６ｇのタウリンを７日間投与した結果、血圧が低下し、その時に**交感神経**系の神経伝達物質であるアドレナリンの血中濃度が低下することが分かりました。アドレナリンの血中濃度が低いということは、交感神経活性が抑制されていることを意味

＊交感神経
ヒトは交感神経と副交感神経という、正反対のはたらきをする２つの神経によって健康が保たれています。交感神経は活動時や緊張時、ストレスを感じている時にはたらき、副交感神経は休息時、睡眠時、リラックスしている時にはたらきます。ストレスを受けると血圧が上がるのは、交感神経が活性化し、それに伴ってエピネフリンが分泌されるからです。

しています。さらに高血圧症患者の尿中タウリン排泄量を調べた研究では、正常血圧者と比較して高血圧症患者の尿中タウリン排泄量が低いことがわかりました。すなわち高血圧症患者ではなんらかの原因で体内のタウリン量が低下し、このことが高血圧症の発症に繋がっている可能性があります。

高血圧症に運動療法が効果的であることはよく知られていますが、この運動療法にもタウリンが関係しています。高血圧症患者に１日６０分の運動を週３回、１０週間実施した結果、血圧が低下しました。この時に血中のタウリン量も増加したことが報告されています。すなわち、運動によって増加したタウリンが血圧を低下させた可能性があります。

タウリンが血圧を下げる作用は、様々なメカニズムによってもたらされていると考えられていますが、中でも有力なのは前述の交感神経の興奮を抑制するものです。これ以外にもタウリンには、血圧を上げるホルモンであるアンジオテンシンの活性を抑える作用（第3章「心臓とタウリン」参照）、血管の収縮を抑制する作用、塩（ナトリウム）の尿中排泄を促進する作用も報告されており、これらもタウリンの血圧低下作用に関与していると考えられます。

（4）糖尿病とタウリン

糖尿病には1型糖尿病と2型糖尿病があります。1型糖尿病は、血糖低下作用

を持つ唯一のホルモンであるインスリンをつくる膵臓のβ細胞が破壊され、その結果インスリンの分泌量が低下して血糖値が上昇して発症します。2型糖尿病は、肥満などの影響によりインスリンの働きが悪くなるインスリン抵抗性が引き起こされ発症します。日本人の糖尿病の9割以上は、2型糖尿病に該当します。

　動物やヒトでの検討から、糖尿病では血中タウリン濃度が低下するという報告が見られ、糖尿病の発症にタウリン不足が関与している可能性があります。またタウリンは1型糖尿病と2型糖尿病の両方に対して、改善効果を示すことが動物実験で明らかになっています。1型糖尿病に関しては、ストレプトゾトシンという薬剤で膵臓のβ細胞を破壊した動物にあらかじめタウリンを与えておくことで高血糖が改善し、膵臓が保護されることが証明されています。これはタウリンの細胞保護作用により膵臓β細胞の破壊が抑えられたと考えられています。一方2型糖尿病に関しては、肥満を伴う糖尿病モデル動物であるＯＬＥＴＦラットを用いた試験で、タウリンが高血糖とインスリン抵抗性を改善し、さらに併せて内臓脂肪も減らすことが示されています。

　ヒトに対する効果として、肥満・過体重の人が1日3gのタウリンを2週間摂取した時に、脂肪酸によって起こるインスリン抵抗性と膵臓のβ細胞の機能低下が抑えられると報告されています。糖尿病患者は世界的に増加していることから、今後ヒトの高血糖に対するタウリンの作用研究が進むことが期待されます。

（５）糖尿病合併症とタウリン

糖尿病を発症しても自覚できる症状はすぐには生じませんが、血糖値の高い状態が長く続くと、血管が傷ついたり詰まってしまいます。このため、糖尿病は数多くの疾患を引き起こす原因となります。糖尿病が最終的に行く着く先は、糖尿病の三大合併症と呼ばれる網膜症、腎症および神経障害です。これらの合併症は末期になると、それぞれ失明、腎透析、足の切断という生活の質（ＱＯＬ）を著しく低下させる状態に至ります。これらは高血糖の状態が続き、それによって全身の細小血管が傷害されることが原因で発症します。発症までに5年から１０年以上かかることから放置されがちで、気がついたときには遅いという恐ろしい病気です。

〔1〕糖尿病性網膜症

網膜は眼底にある薄い神経の膜で、ものを視るために重要な役割を担っています。網膜には光や色を感じる神経細胞が敷きつめられ、無数の細かい血管が張り巡らされています。糖尿病性網膜症は、この血管網が傷害されることによって発症し、成人の失明原因の第1位となっています。網膜はタウリンを多く含む組織で、ネコを用いた試験からタウリンが欠乏すると網膜機能が障害されて失明することが知られています。

糖尿病性網膜症は、神経伝達物質であるグルタミン酸が網膜に過剰に存在する

ことが原因であることがわかってきました。糖尿病ラットにタウリンを投与すると網膜の変性が抑制され、加えて網膜中のタウリン濃度が増加し、グルタミン酸濃度が低下することが報告されています。この結果から投与されたタウリンは網膜に到達し、グルタミン酸の毒性を抑えていると考えられます。

〔2〕糖尿病性腎症

腎臓の糸球体は、血液中の老廃物をろ過する働きをしている重要な部位です。糖尿病になり高血糖状態が続くと、糸球体が傷害を受けて腎機能が低下し、糖尿病性腎症を発症します。日本では近年、糖尿病性腎症から慢性腎不全に移行し、腎透析が必要になる患者が増えています。糖尿病性腎症で透析を受けている患者では、血中のタウリン量が健康な人と比べて低いことが分かっています。また動物試験の結果から、タウリンには糖尿病性腎症の病態を改善する効果が認められています。2型糖尿病ラットにタウリンを投与した報告で、タウリンが腎糸球体基底膜の代謝と腎機能を改善することが示されています。

〔3〕糖尿病性神経障害

糖尿病性神経障害は、三大合併症の中でも糖尿病発症から最も早期にあらわれ、また頻度の高い合併症です。痛みや温度、触覚などを伝える感覚神経や、内臓や内分泌器官などの働きを調節する自律神経が障害されて様々な症状があらわれます。タウリンは糖尿病性神経障害ラットの痛覚過敏症状を改善することが報告されています。

（６）脂質異常症とタウリン

脂質異常症とは、血中脂質（コレステロール、中性脂肪など）の濃度が異常になった状態を指します。特に血中のＬＤＬコレステロール（悪玉コレステロール）や中性脂肪が増加したり、ＨＤＬコレステロール（善玉コレステロール）が減少すると、血管に脂肪が溜まって動脈硬化の原因となります。タウリンが血中のＬＤＬコレステロールや中性脂肪を低下させ、コレステロールバランスを正常にする作用をもつことは、多くの研究者が明らかにしています。

ラットにコレステロールを多く含むエサを与えた試験では、タウリンは血中の総コレステロールを低下させ、ＨＤＬ―コレステロールを上昇させました。また、ラットに脂肪を多く含む食餌を与えた試験では、タウリンがＬＤＬ―コレステロールおよび中性脂肪を低下させることが示されています。タウリンがコレステロールを低下させるメカニズムとしては、肝臓でコレステロールを胆汁酸に代謝するコレステロール７α水酸化酵素（ＣＹＰ７Ａ１）という酵素を活性化し、コレステロールの体外への排出を促進する作用が関与しています。さらにコレステロールを含んだ餌を与えたラットにおいて、タウリンが肝臓から血中へ分泌されるコレステロールを減らすこともわかっています。ハムスターにおいては、タウ

＊血中脂質
血液中に含まれる脂質のことを血中脂質と言いますが、主なものはコレステロールと中性脂肪です。コレステロールは細胞膜を構成する成分であり、ホルモンなどの原料にもなっています。中性脂肪は脂肪組織に蓄えられて、エネルギーとして貯蔵されています。どちらも生体にとって欠かすことのできない成分ですが、体内でうまく処理されずにバランスを崩してしまうと危険です。コレステロールには肝臓から全身にコレステロールを運ぶ「ＬＤＬ―コレステロール」と、余分なコレステロールを全身から肝臓へ戻す「ＨＤＬ―コレステロール」があります。中性脂肪やＬＤＬ―コレステロールは血管を障害するため悪玉脂質と、ＨＤＬ―コレステロールは血管に保護的に作用するため善玉脂質と考えられています。

リンが肝臓のＬＤＬ受容体（血中のコレステロールを肝臓に取り込む因子）の活性を増加させることが証明されており、このメカニズムもタウリンのコレステロール低下作用に寄与しています。このようにタウリンのコレステロール低下作用に関する研究は、最近著しく進展しています。

ヒトに対する効果としては、２１名の脂質異常症患者に１日３ｇのタウリンを８週間投与し、血中コレステロール値の低下が確認されています。また、健康な日本人男性に脂肪・コレステロールを含んだ食事を３週間摂取させてタウリン投与の効果を検討した試験もあります。その結果、１日６ｇのタウリン摂取は、総コレステロール、ＬＤＬ—コレステロールの増加を抑制する傾向が認められました。中性脂肪については、過体重のヒトに１日３ｇのタウリンを７週間摂取させることで低下したと報告されています。このようにタウリンは脂質の合成や代謝を正常化し、体内の脂質バランスを維持しています。

5．お酒：アルコール代謝におけるタウリン

(1) はじめに

「酒は百薬の長」ということわざがあるように、健康に良い効果がたくさんあります。お酒を飲むと気分が良くなって、緊張がほぐれてストレスが和らいだり、食欲が増進したりします。また癌や心臓病の予防、あるいは認知症や長寿などの

アンチエイジング効果も期待されています。但し、あくまでも適量の飲酒での話しであることはもちろんのことで、徒然草でも「百薬の長とはいへど、よろづの病はさけよりこそおれ」と謳われているように、「飲み過ぎは万病の元」にもなりかねません。お酒は肝臓に悪い!、アルコール依存症になる!、脳が萎縮する!など、多くの方は知っていて気をつけていると思います。しかし「ちょっと一杯」のつもりで……と言いつつも、適量にとどめられずついつい飲み過ぎてしまう方もおられるのではないでしょうか?

タウリンにはアルコールの解毒を助ける働きをはじめ、アルコールから肝臓や脳を守る働き、アルコール依存症を予防する働きなど、お酒を飲む際には有益な働きがたくさんあります。

（２）二日酔いを早くなおそう

「二日酔いにはしじみ汁」、「牡蠣を食べると悪酔いしない」などという話をよく耳にします。しじみや牡蠣などの貝類に多く含まれているタウリンにはお酒の分解を助け、二日酔いや悪酔いを防いだり、回復を早めたりする効果があります。飲酒による頭痛や吐き気、嘔吐などは、アルコールが分解されてできるアセトアルデヒドの強い有害作用よって引き起こされる中毒症状です。アセトアルデヒドは肝臓にある酵素（アルコール脱水素酵素）がアルコールを分解してできます。

さらに、アセトアルデヒドも肝臓の酵素（アセトアルデヒド脱水素酵素）によって、酢酸に解毒されます。ラットを使った研究では、アルコールと一緒にタウリンを飲ませると肝臓や血液中のアセトアルデヒド濃度の上昇を顕著に抑えました。またタウリンには、アセトアルデヒド脱水素酵素の働きを2倍ほど高めて、酢酸への分解を早める作用も確かめられています。タウリンが二日酔いや悪酔いに効くのは、肝臓のアセトアルデヒド脱水素酵素の働きを助けて、アセトアルデヒドの分解を早める作用が関わっています。

（3）肝臓は鍛えられる？

タウリンがアセトアルデヒドの分解を助けるといって、安心はできません。アセトアルデヒド脱水素酵素の働きは、個人や人種によって大きく違います。お酒が全く飲めなかったり弱かったりするのは、この酵素が生まれつき少ないためです。日本人よりも欧米人の方がお酒に強いのは、欧米人がアセトアルデヒド脱水素酵素を多くもつ人種だからです。お酒が弱い人が「肝臓を鍛える」と言って、飲酒経験を積んでお酒に強くなる人がいます。その方はアルコールを分解する能力が高くなったのは確かですが、ここに大きな落とし穴があります。残念ながら、お酒を飲むことでアルコール脱水素酵素やアセトアルデヒド脱水素酵素が多くはならず、別の分解経路が働きだすことでアルコールの分解が高まるからです。肝

タウリンはアセトアルデヒドの
分解を早めるよ
だからといって、
お酒に強くなれる
わけではないんだ
う、うぷ

臓には、体にとって毒となる異物や薬を解毒するための多くの酵素があります。本来の分解能力以上のアルコールを飲むと、肝臓はアルコールを異物としてとらえ、異物を解毒する酵素（ＣＹＰ２Ｅ１）が働きはじめます。これは、アルコールからアセトアルデヒドへの分解とアセトアルデヒドから酢酸への分解の両方を補えるため、一見、この経路が働き始めるのは都合がよいように思えます。しかし、ＣＹＰ２Ｅ１によって、アルコールが分解される際には活性酸素が発生します。そのため本来のアルコール分解力が弱い人や大酒家は、活性酸素によって肝臓細胞がダメージを受けることで肝臓病になりやすくなってしまいます。

（４）飲み過ぎから肝臓をまもろう

タウリンにはアルコール分解で発生する活性酸素に作用して、肝臓病になるリスクを抑える効果があります。タウリンは様々な酸化ストレスに対する防御効果（抗酸化作用）を持っており、アルコール分解で発生する活性酸素による酸化ストレスにも作用します。ラットにアルコールと一緒にタウリンを摂取させると、肝臓の酸化ストレスを軽減させて、アルコールによる肝炎や脂肪化

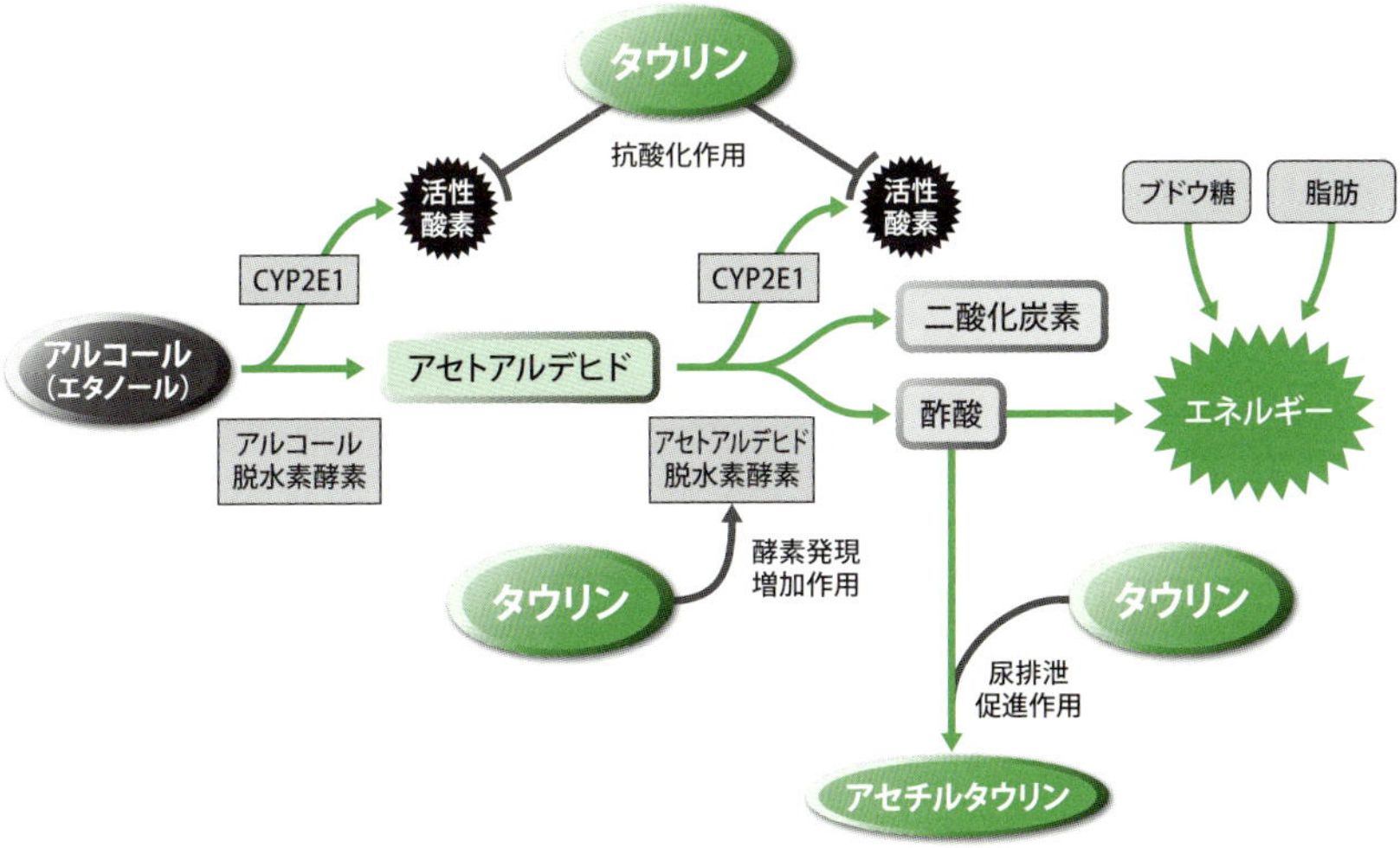

図２－７　アルコールの解毒に関わるタウリンの作用

コラム❶　肝臓の機能とチトクロームP450

肝臓は、様々な物質を他の臓器が利用しやすい形に変える代謝と呼ばれる機能や不用となった物質の形を変えて排泄する消化の機能、体にとって害となる物質を無害に変える解毒の機能など、体のすべての臓器にとって大切な役割を担っている臓器です。これらの機能は、肝臓がもっているたくさんの酵素による化学的な反応によって行われます。特に脂質の代謝や薬物の解毒は、チトクロームP450（CYP）と呼ばれる酵素の働きが重要となります。その主な働きは、薬物や脂質を水酸化という反応で水に溶けやすい形に変えて、代謝を進めたり、解毒して胆汁や尿中に排泄しやすくしたりすることです。CYPには多くの種類があり、人間では50種類以上、げっ歯類では約100種類もあります。哺乳類を含めた多くの動物のほか、昆虫や線虫、さらには、酵母や稲などの植物に至るまで、多岐にわたる生物がもっている酵素で、全生物を合わせると700種類以上があります。酵素の多くの種類を分類するため、酵素の構造（アミノ酸の相同性）の違いで、大分類（ファミリー）、中分類（サブファミリー）、小分類（分子種番号）で振り分けて、CYPのうしろに1A1の様に、アラビア数字ーアルファベットーアラビア数字の3つの組み合わせで表されます。ちなみに、この分類は酵素の機能で分けられていませんが、構造の違いで分けることで、結果的に生理的機能が対応しています。大分類で数字の少ないCYP1~3（CYP4の一部）が薬物代謝を担っていて、大分類の数字が大きい方が脂質の代謝を担う傾向にあります。

を防ぐ効果が確認されています。また、ＣＹＰ２Ｅ１は風邪薬に含まれるアセトアミノフェンや様々な薬物（クロロホルムや四塩化炭素）などを解毒する際に、活性酸素を発生して肝障害を引き起こします。タウリンはこれら薬物性の肝障害に対しても、有効性が多く確認されています。ＣＹＰ２Ｅ１はアセトアルデヒドなどの薬物を分解できる一方、肝臓細胞を傷付ける活性酸素を発生させてしまう「両刃の剣」です。タウリンは抗酸化作用の鎧によって、ＣＹＰ２Ｅ１の両刃の剣から肝臓を守ってくれる効果があります。

(5) アルコールは解毒した後もやっかい

アルコールが分解されてできる酢酸は、尿から排泄されます。しかし、その一部はエネルギーのもとになるアセチルＣｏＡという物質に変換されて、最終的に水と二酸化炭素にまで分解されます。通常、細胞はブドウ糖（グルコース）や脂肪をエネルギーに使っています。しかし酢酸は、糖や脂肪よりもアセチルＣｏＡに変わりやすいため、酢酸が増えすぎると糖や脂肪が分解されずに滞ってしまいます。そうなると摂取した糖や脂肪は体に蓄えられてしまうため、肥満や糖尿病、脂肪肝などの発症の原因となるメタボリックシンドロームになるリスクが高まります。これは、お酒を飲むと太りやすくなる理由の１つになります。また、慢性的に大量のアルコールを飲む人はいつも血液中の酢酸濃度が高く、脳が栄養とし

て糖よりも酢酸を好むようになります。そうすると、嗜好性も変化して糖分を含む食事の量が減り、栄養不良になりやすくなります。より深刻な状態になると、脳の栄養源として、酢酸をとるために飲酒するといった悪循環に陥り、アルコール依存症に繋がります。そのため、血液中の過剰な酢酸をできるだけ速やかに尿中へ排泄させる必要があります。

(6) タウリンでアルコール分解物をすぐに捨てよう

近年の研究によって、タウリンがアルコールの分解で生じる酢酸と結合して、尿から酢酸を排泄しやすくするという新たな作用が見つかりました。タウリンが腎臓や肝臓の働きによって、酢酸と結合してアセチルタウリンという物質に変換されます。このアセチルタウリンは、より水に溶けやすい性質をもつために尿から酢酸の尿排泄を促す役割があります。また、酢酸からもできるアセチルCoAはコレステロール合成にも使われるため、アセチルタウリンへの変換はタウリンのコレステロール減少作用にも関係していると考えられます。この酢酸とタウリンの結合反応には未だ不明な点がありますが、酢酸の排泄を促進するタウリンの作用は、これまで報告されてきたアルコール性脂肪肝や肥満、アルコール依存症などを予防するタウリンの効果を裏付けるものと考えられています。アセチルタウリンは酢酸の体外への排泄作用以外にも、なにかしらの作用をもっている可能性があり、これからの研究課題となっています。

（7）少ないお酒で満足させるタウリン

お酒を飲むと時には気分が落ちついたり、時には興奮したりします。これは、アルコールには、全く反対に脳に働く作用があることを示しています。アルコールには、神経の興奮を抑える物質（抑制性の神経伝達物質）であるＧＡＢＡ（γ―アミノ酪酸）のスイッチ（受容体）と、神経を興奮させる物質（興奮性の神経伝達物質）であるＮＭＤＡ（Ｎ―メチル―Ｄ―アスパラギン酸）の受容体の両方にくっつく性質があるためです。そのため脳が興奮するか落ちつくかは、アルコールがどちらのスイッチを押すかによります。

タウリンはＧＡＢＡと同様に、脳や神経では抑制性の神経伝達物質としての働きがあり、ＧＡＢＡの受容体に結合します。そのため、タウリンはアルコールによる脳の興奮を抑える効果を助長させる作用もあります。ラットにアルコール嗜好性を調べるため水かお酒を自由に飲ませる実験をすると、次第にお酒を好んで飲むようになり、アルコール依存の状態になります。このラットにタウリンをあらかじめ飲ませておくと、お酒を飲む量が減りました。また別の試験では、ラットにお酒を飲ませた後でいくつかあるうちの特定の１つの部屋に繰り返し入れると、ラットは報酬としてアルコールを飲みたくなって、その部屋に好んで入るよ

うになります。いつもは体重1kgあたり1gのアルコールで部屋に入るラットが、タウリンをあらかじめ飲ませておくと0・3gのアルコールだけで、好んで部屋に入るようになりました。これは、タウリンがアルコールの代わりに脳のGABAの受容体に結合することで、少ないアルコールの量で満足感が得られるようになったのだと考えられます。

このように、少ない飲酒量でアルコールの効果を得られるタウリンの作用は、アルコール依存症に対する効果が期待されます。実際に、タウリンと化学構造が似たホモタウリンという物質やアカンプロサート（アセチルホモタウリン）というお薬でも、同様の効果が確認されています。日本やアメリカではアカンプロサートをアルコール依存症患者への断酒補助薬として利用しています。

お酒の飲み過ぎは、アルコールが原因の肝炎、脂肪肝、肝硬変の発症に繋がり、肝がんになるリスクも高まります。タウリンには肝臓でのアルコールの分解を助け、アルコール分解の際にできる活性酸素から肝臓を守り、酢酸の排泄を高めるといった二重三重の働きによって、二日酔いや悪酔いを抑えます。またタウリンは、少ないお酒で脳を満足させる効果や脳の栄養源を是正することで、アルコール依存症の予防にも役立ちます。「酒は百薬の長」であると共に、「万病の元」でもあります。飲み過ぎに注意しつつ、適量なお酒と一緒にタウリンを多く含む食材を食べて、上手にお酒を楽しんではいかがでしょうか。

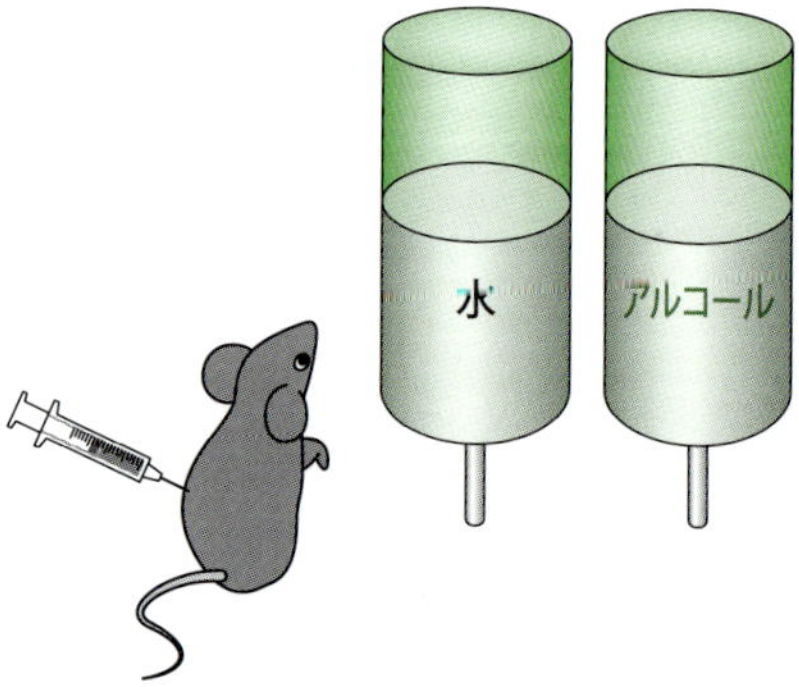

図2－8　2瓶嗜好実験

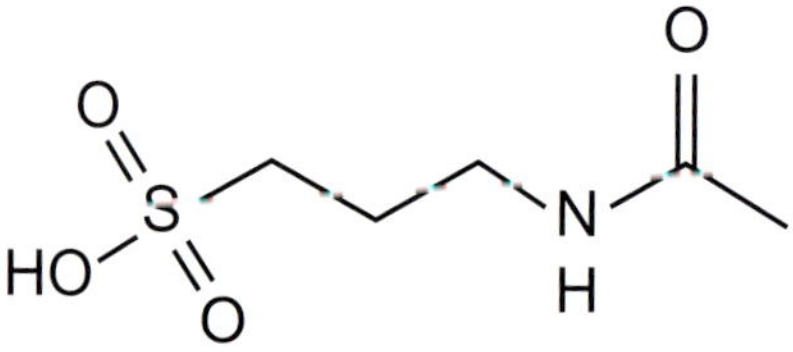

図2－9　アカンプロサート

第3章　生命を支えるタウリン

1. 魚とタウリン

(1) はじめに

われわれが日常の食事で摂取する食品の中では、魚介類にタウリンが多く含まれており、特に日本人にとっては魚はタウリン摂取に重要な食材です。第1章で解説したように、海で生活する魚は、海水の浸透圧に適応するためにタウリンを利用していると考えられています。それでは、魚から見たタウリンの重要性とはどのようなものでしょうか？ 本項では、まず魚がどのようにして生まれ、成長するのかという魚の生活史について述べ、次いで魚の成長や生存にタウリンがなくてはならない栄養素であることが明らかとなった経緯、養殖魚における合成タウリンの活用の現状などを解説していきます。

(2) 魚の生活史

魚が誕生してから次の世代を生産するまでの道筋（生活史）は、魚の種類によってさまざまですが、海水魚の代表的な例として、ヒラメは次のようなパターンで

す（図３―１）。

雌と雄の魚が放出した卵と精子が体の外で受精します。受精した卵は水中を漂いながら細胞分裂を繰り返して体を形成し、１～２日で「ふ化」します。ふ化したばかりの赤ちゃんは２㎜程度で、体は透明で形は親とは異なっています。この段階の魚を「仔魚（しぎょ）」と言います。仔魚は浮遊生活を続けながらプランクトンなどを餌にして成長し、徐々に体の形を変えていきます。ふ化から１～２ケ月経過すると、体は次第に親の形に近づき、「稚魚（ちぎょ）」と呼ばれる段階に達します。この頃になると、稚魚は浮遊生活を終えて海底へ降りていきます。これを「着底（ちゃくてい）」と言います。海底生活に移行した稚魚は、新しい環境の中で成長（「幼魚」）しながら大人の魚「成魚」となります。成魚は卵や精子をつくり、次の世代を生産します（繁殖）。

（３）魚とタウリン

近年、海に生息する魚の赤ちゃん（仔魚）や子供（稚

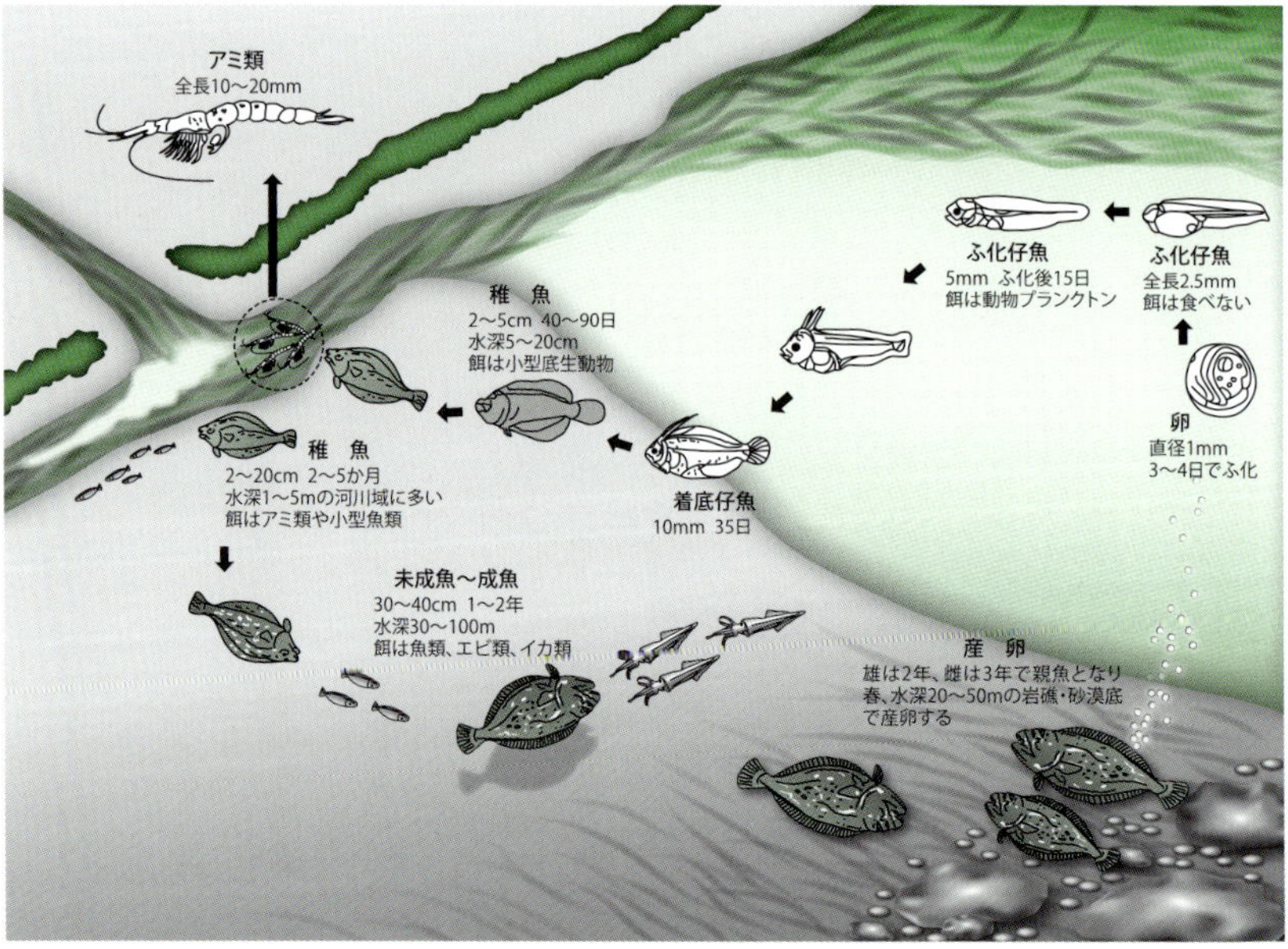

図３－１　ヒラメの生活史

魚）が正常に成長するためにどのような栄養素が必要であるかという栄養要求の研究や、マイワシ資源の減少に伴う魚粉の供給不足に端を発した海産魚類用配合飼料における魚粉削減の研究において、これまで観察されたことがないような現象が魚に生じました。たとえば、ヒラメでは魚粉の配合を削減した配合飼料によって成長の停滞や異常な摂餌行動が見られ、ブリやマダイでは成長の停止とともに、肝臓が緑色になる病気として「緑肝症」が観察されました。そして、この原因が何とタウリン不足によることが最近の研究でわかってきたのです。

そのため飼料にタウリンを添加する必要性が生じましたが、これまでＥＵや米国などの諸外国においては、合成タウリンは食品添加物として使用が認められていたのに対して、日本では合成タウリンは食品添加物のみならず、飼料添加物としても使用できませんでした。そこで価格が高い天然のタウリンを飼料に添加せざるを得ず、タウリンを添加した海産魚類用飼料の実用化が進みませんでした。その後、平成２１年６月２３日付で農林水産大臣より飼料添加物に指定され、合成タウリンを魚介類用餌・飼料へ利用することが可能になりました。ここでは、なぜ魚、特に海産魚類にタウリンが必要で、飼料に添加する必要があるのかについて解説します。

〔1〕タウリンの分布および含有量

タウリンは動物組織に広く分布しますが、哺乳動物では牛肉や鶏肉などには少

コラム❷　生物餌料

　ふ化した時に口径が小さい魚や多くの海産魚類では配合飼料を最初は食べることができません。そこで、まずクロレラなどで培養したシオミズツボワムシ（ワムシ）を与えて魚が少し大きくなると、その口径に合わせてブラインシュリンプ（アルテミア）やコペポーダなどを与えます。そのあと配合飼料に切り替えることが一般的です。なお、淡水魚には最初ミジンコなどを与えます。

　ワムシやアルテミアは栄養欠陥餌料であり、タウリンやＤＨＡの摂取を補うために栄養強化剤が開発されています。

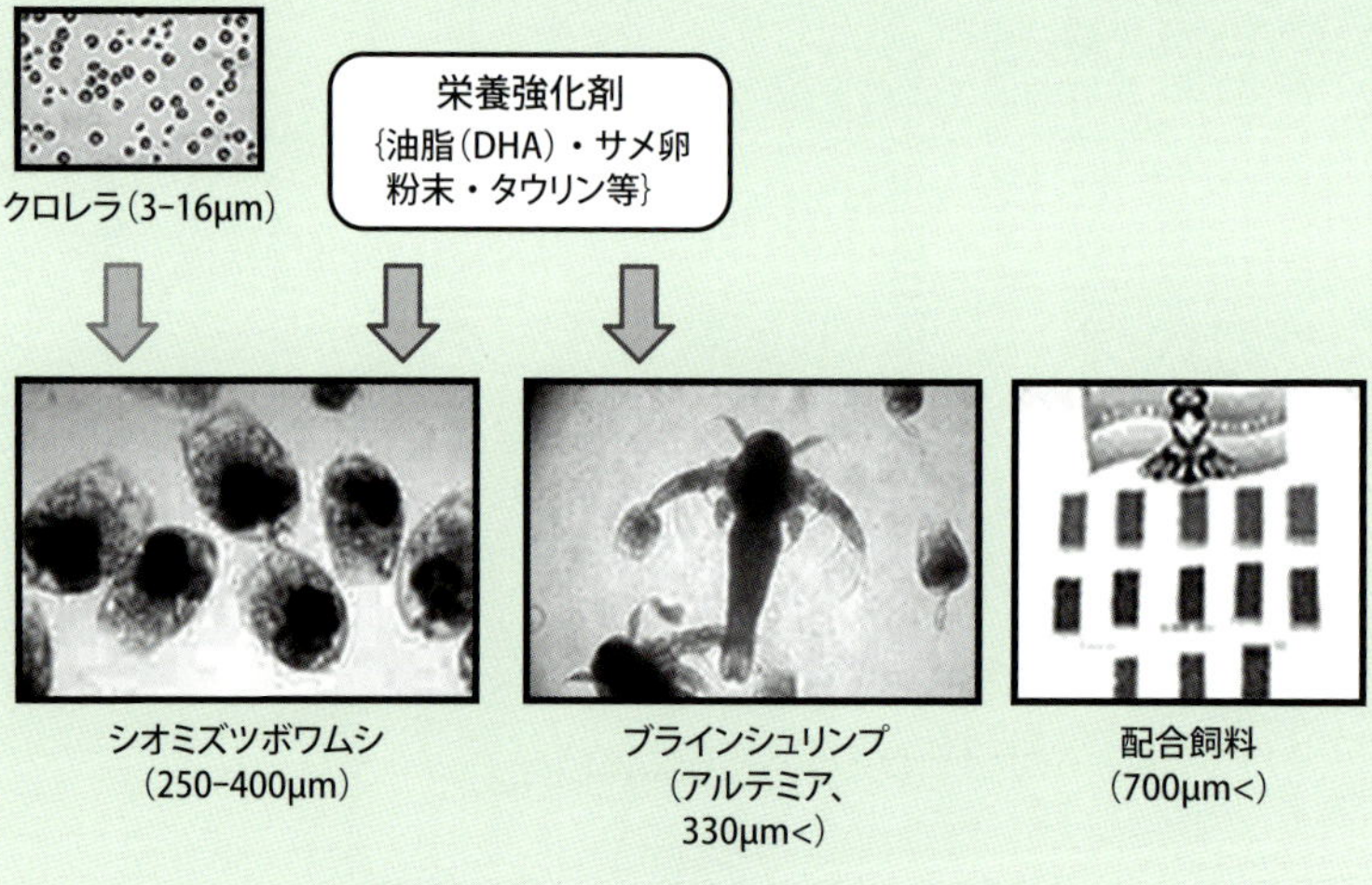

生物餌料

なく、植物には全く含まれていないのが特徴です。魚介類ではマガキやマダコ、アミ類などの軟体動物や甲殻類のみならず、ブリ血合肉、マダイ、アジなどの魚類に豊富に含まれています（第1章 図1―6参照）。

人の手で養殖されたブリの魚体中のタウリン含量は天然魚と比較して１／４～１／２と著しく低く、さらにふ化直後に乾燥重量１００ｇあたり７６０㎎あったものが、ふ化後１９日目には４０㎎へと急激に減少します。これは魚に与える餌料中のタウリン含量が影響していると考えられています。養殖の過程（人工種苗生産）において、海産魚類の赤ちゃんのふ化直後にはシオミズツボワムシ（以下、ワムシ）を与えますが、ワムシは魚が通常食べている天然プランクトン（コペポーダ）と比較するとタウリン含量が１／１０～１／２０と極めて低いことがわかっています（表３―１）。この養殖過程におけるタウリンの効果については後述します。

〔2〕タウリンの生合成能

通常タウリンは、メチオニン、システイン、シスチンなど、硫黄を含む含硫アミノ酸から生合成されます（図３―２）。メチオニンからタウリンに至る生合成経路において、中間代謝物であるシステイン硫酸は、システイン硫酸脱炭酸酵素（ＣＳＤ）によりタウリンの前駆物質であるヒポタウリンに脱炭酸され、その後タウリンとなります。そのため、タウリンの基となるメチオニンは必須アミノ酸

表３－１　生物餌料および食品素材中のタウリン含量（mg/100g 湿重量）

生物餌料		介　類		魚　類		肉　類	
天然コペポーダ	150	マダコ	593	マダイ	230	牛ロース肉	49
冷凍コペポーダ	60	ヤリイカ	342	ブリ（普通筋）	16	牛レバー	45
シオミズツボワムシ	8 ～ 18	マガキ	1178	ブリ（血合筋）	673	鶏むね肉	14
タウリン強化ワムシ	30 ～ 125	アサリ	211	アジ	229	鶏レバー	129
アルテミア	100	クルマエビ	199	ヒラメ	170	鶏卵	0
シキシマフクロアミ	380						

＊ 植物性飼料原料および植物にはタウリンは含まれていません。

と呼ばれ、飼料中の必須アミノ酸を計算する際には、メチオニン＋シスチンの量をもって栄養としての要求量を満足しているかどうかが判定されます。動物は元来この生合成経路を有しているとされてきました。しかし、仔ネコや乳幼児ではCSD活性が弱いため十分な量のタウリンが合成されず、タウリンが必須の栄養素です。近年、種々の魚でCSD活性が測定された結果、ニジマスやティラピアでCSD活性が高く、ヒラメ、マダイ、ブリ、クロマグロで低いことが明らかにされました（表3—2）。さらに、飼料中にシスチンを添加してヒラメやマダイを飼育しても魚体中のタウリン含量は増加しませんでした。

一方、タウリン無添加飼料でヒラメ、マダイ、ブリ稚魚を飼育し、魚体中の種々の遊離アミノ酸含量を調べたところ、いずれも稚魚の時期にはセリン含量が増加し、ヒラメではシスタチオニン含量も増加することが分かりました。このことは、シスタチオニンからシステインに至る酵素が3魚種で、ホモシステインからシスタチオニンに至る酵素がマダイやブリ稚魚でそれぞれ微弱か欠損している可能性

表3－2　数種魚類および哺乳動物の肝臓システイン硫酸脱炭酸酵素（CSD）活性＊

種　類	CSD 活性
淡水魚類	
ティラピア	0.56
ニジマス	0.55－0.67
海産魚類	
メジナ	2.55
ヒラメ	0.26－0.39
マダイ	0.25
ブ　リ	tr－0.01
クロマグロ	tr
哺乳動物	
マウス	4.25
ラット	1.80

＊ Yokoyama et al,: Aquacult. Res. 2001 より抜粋。

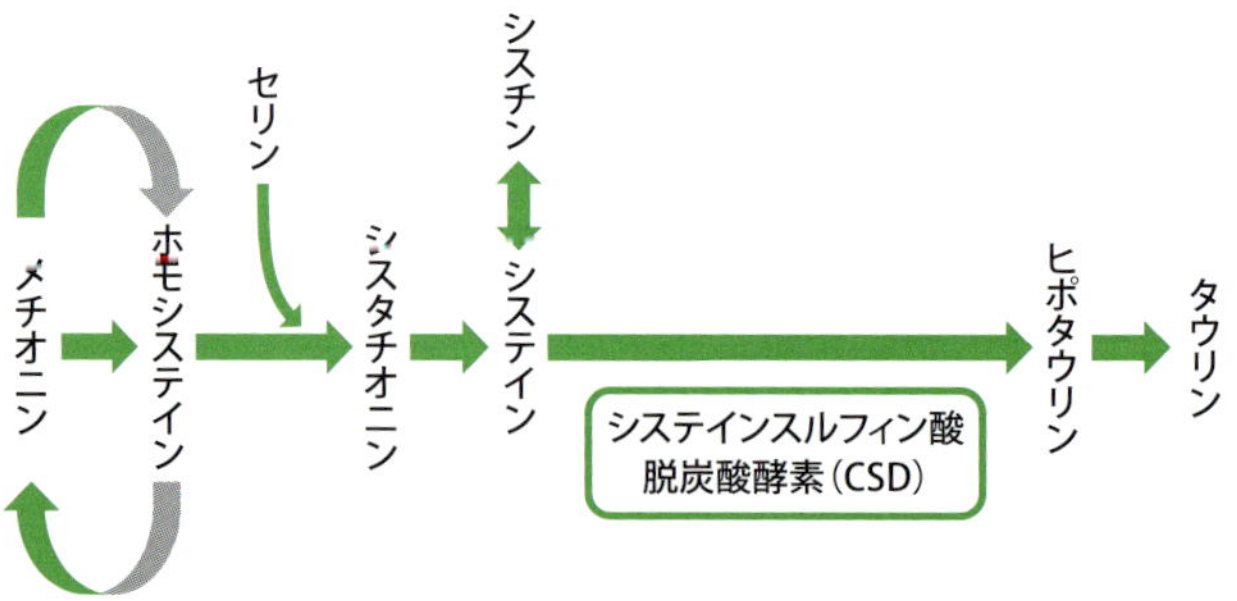

図3－2　タウリンの生合成経路（哺乳動物及び淡水魚類）

を示唆しています。すなわち、海産魚類では図３―３のように、多くの生合成過程においてその経路が遮断されていると考えられます。そのため、魚類のタウリン要求性については淡水魚類と海産魚類を明確に区別しておく必要があります。必須脂肪酸の要求性についても同様のことが言えます。言いかえれば、淡水魚類はリノレン酸をドコサヘキサエン酸（ＤＨＡ）に代謝する酵素をもっていることからリノレン酸が必須成分ですが、海産魚類ではそれらの酵素が微弱か欠損しており、ＤＨＡを直接要求することと似ています。

〔３〕魚類におけるタウリンの要求

魚類におけるタウリンの要求性、すなわちタウリンをどの程度必要とするか、について述べていきます。

淡水魚類：コイ、ニジマス、ティラピアなどはタウリンを必要としません。なぜかと言うと、淡水魚は稚魚期・成魚期にかかわらず図３―２の生合成経路が十分に働き、体内でタウリンが生成できるからです。たとえばティラピアでは、タウリンを全く含まないスピルリナ単用餌料で３世代にわたり継代飼育しても、優れた成長と正常な産卵を行うことができます。その他の魚種のうち、コイは肝臓のＣＳＤ活性が低くタウリンが必要ではないかと疑われましたが、ＣＳＤ活性が腎臓で高く、システアミンからタウリンを生成する酵素である肝臓中のシステアミンジオキシゲナーゼ活性が高いことなどから、コイの場合には生合成の主経路で

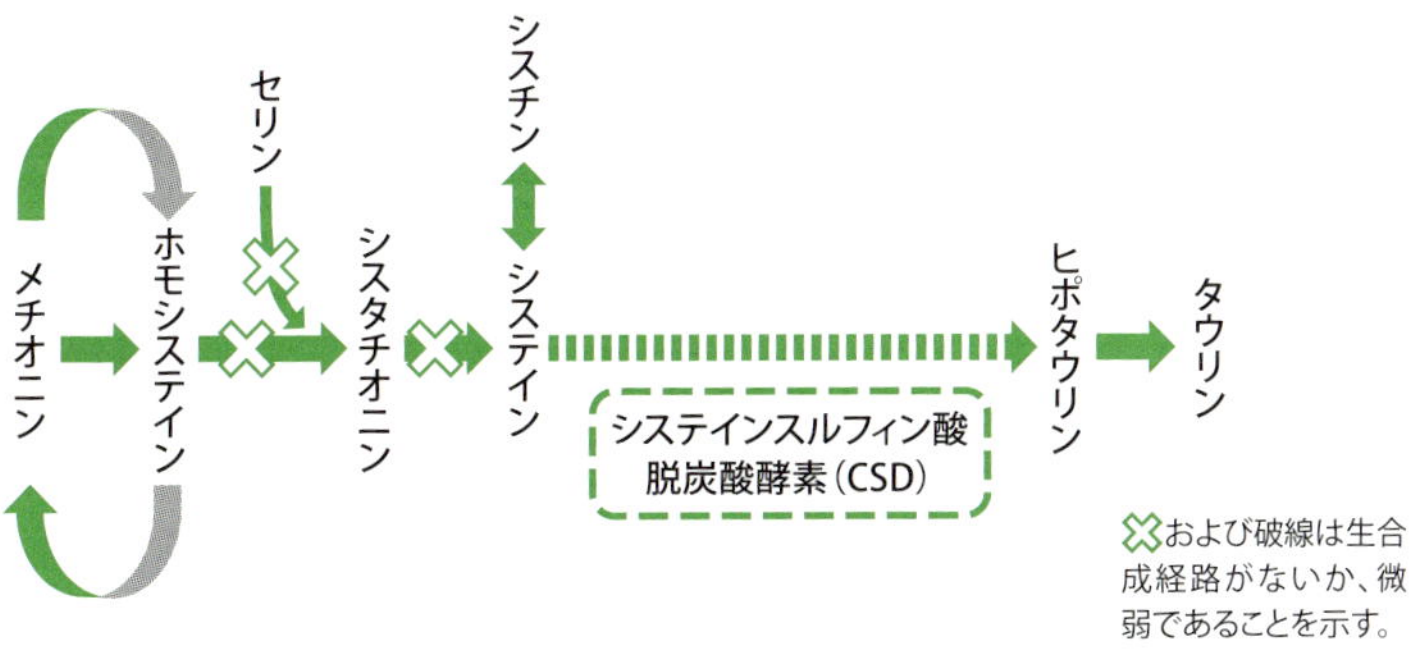

図３－３　タウリンの生合成経路（海産魚類）

はなく側路や肝臓以外の臓器で生成している可能性が考えられます。また、タウリン無添加飼料で飼育しても成長や飼料効率などの低下は全く観察されず、魚体中にタウリンが蓄積されることから、コイの場合にはタウリンは必要ないと判断されました。ウナギにおいてはタウリン添加飼料により、成長が優れたとの報告もあります。ウナギはシラス期に海から川に遡上するため浸透圧調整が極めて重要であると考えられ、タウリンの機能を考えると降海・遡上するアユなどを含め、必要になる可能性があり今後検討する必要があります。なお最近ニジマスにおいて、飼料中のタンパク質源をすべて植物タンパクとした場合には、タウリンはメチオニンでは補足できない効果があると報告されています。いずれにしても、ニジマス、コイ、ティラピア、淡水域生息期のウナギ、アユなどでは、飼料中にメチオニンがあれば十分です。しかしながら、タウリンは成人病の予防などにも有効であると言われていますので、高付加価値成分と位置付けるならば高タウリン含有飼料により飼育した魚を「高タウリン含有魚」として商品の差別化に使えるかもしれません。

海水魚の赤ちゃんと生物餌料：前述したように、養殖による生産（人工種苗生産）においては、海で生まれた魚の赤ちゃん（海産仔魚）はふ化直後、まずワムシで飼育します。ワムシ中のタウリン含量は他の生物餌料と比較

表３－３　アカアマダイ仔魚に対するタウリンの効果＊

試験区	ワムシ中の含量（%）		全長（mm）	生残率（%）	開鰾率（%）
	HUFA	タウリン			
DHA 区	2.3	0.1	6.1	54.1	31.7
タウリン区	1.5	3.1	6.1	74.8	42.9

＊実験開始時の全長：2.6mm。飼育期間：日齢 25 日まで。
飼育条件：500L パンライト水槽に各区 8000 尾収容。
ワムシ密度：10 個体 /ml。水温：19－23℃。

アカアマダイ（*Branchiostegus japonicus*）
・水深 30 ～ 150m の砂泥域に棲息し、定着性が強い
・関西地域では特に珍重され、魚価も安定した高級魚として取り扱われる

（旧水研センター　宮津庁舎との共同研究）

して低く、長期間ワムシのみで飼育すると魚体中のタウリンが減少するのみならず、成長や生残率にも影響が出てきます。そのため、ワムシ用タウリン強化剤が開発されました。ヒラメ、マダイ、ブリ、マダラ仔魚などには、タウリン強化剤でワムシ中のタウリン含量を乾燥重量１００gあたり４００～７００mg程度にしたものを与える必要があります。アカアマダイの仔魚を例にとると、タウリン強化剤で強化したワムシを与えると２５日間の飼育後の全長には大きな差はありませんが、生残率や開鰾率（魚にとって重要な浮袋が正常に形成される割合）は大きく改善されます（表３—３）。これらの結果から、種苗生産初期の海産仔魚にとってタウリンは極めて重要な栄養素であることは明らかです。一方、成長速度が速いクロマグロなどでは、天然のプランクトン（コペポーダ）のタウリン含有量が乾燥重量１００gあたり１２００mgであることを考慮すると、初期の段階で多量のタウリンを与えておいたほうが良いかもしれません。

ワムシを与えた後の魚の赤ちゃんにはアルテミア（０・３～１mmほどの大きさのエビの仲間）の幼生を与えますが、アルテミア中にはタウリンが６００～７００mg程度含まれていますので、アルテミアをスムーズに餌として利用できる魚種は問題ないと考えられます。図３—４に、ふ化直後の北米産およびチベット産アルテミアのタウリン含量、ワムシ用のタウリン強化剤を用いてアルテミアを強化した際のタウリン含量などを示します。産地によっても異なりますが、乾燥

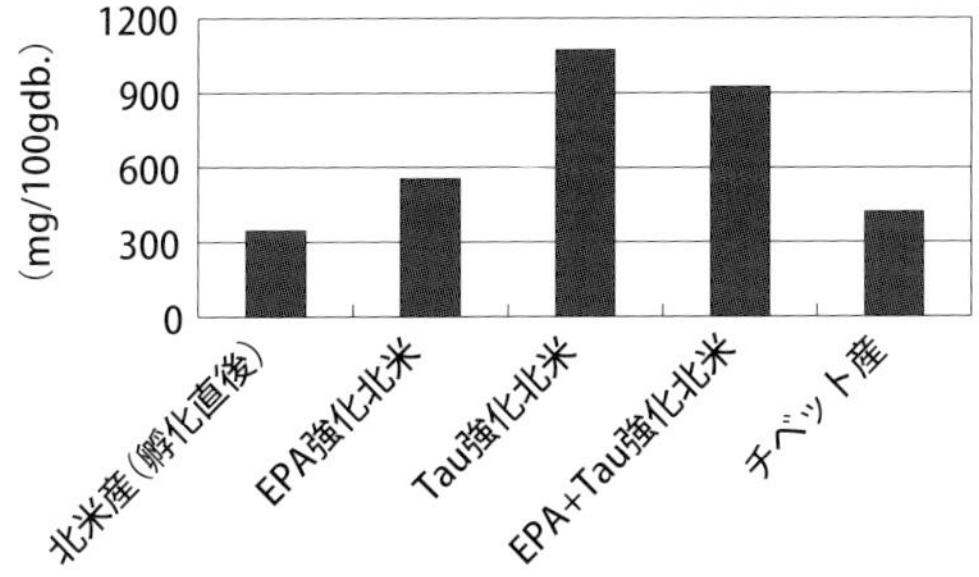

図３－４　アルテミア中に含まれるタウリン含量
（乾燥重量 100g あたり）
（Tau：タウリン　EPA：エイコサペンタエン酸）

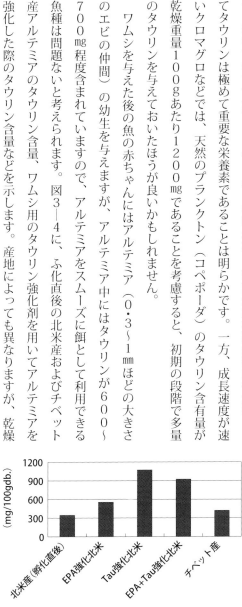

重量100gあたり300~500㎎のタウリン含量は、時間の経過に伴い600~700㎎に、強化によりさらに900~1000㎎にまで増加します。

海産魚類の稚魚期：タウリン研究のきっかけは、水産庁の委託事業「健苗育成技術開発」において1991年から「健苗」の基準を天然魚に求め、養殖で生産した魚（種苗生産魚）との総合的な比較を実施したことに始まります。この研究では栄養面を含め、養殖や放流のために必要な健全な魚の赤ちゃんと子供をどうすればうまく作ることができるかが検討されました。研究を行う中で、天然ヒラメが通常摂餌しているアミ（プランクトン）を用いて飼育した区とヒラメ用配合飼料で飼育した区を比較すると、水温の違いにかかわらず、生きたアミを摂餌した区が成長や飼料効率がはるかに優れていました（図3―5）。また生きたアミを摂餌した区では、魚体中のエイコサペンタエン酸（EPA）やドコサヘキサエン酸（DHA）などのn―3高度不飽和酸やタウリン含量が高く、シスタチオニン含量が低いことが分かりました。そこでヒラメ稚魚を実験材料に用いて、アミを真空凍結乾燥した粉末飼料を調製し、その有効成分を調べました。その結果、着底直後のヒラメ稚魚が維持しているタウリン含量を満足させるためには、少なくとも飼料中に乾燥重量100gあたり1500~2500㎎前後のタウリンを添加する必要があることが明らかになりました（図3―6）。さらにアミ粉末を用いて詳細な検討を行った結果、アミに含まれ

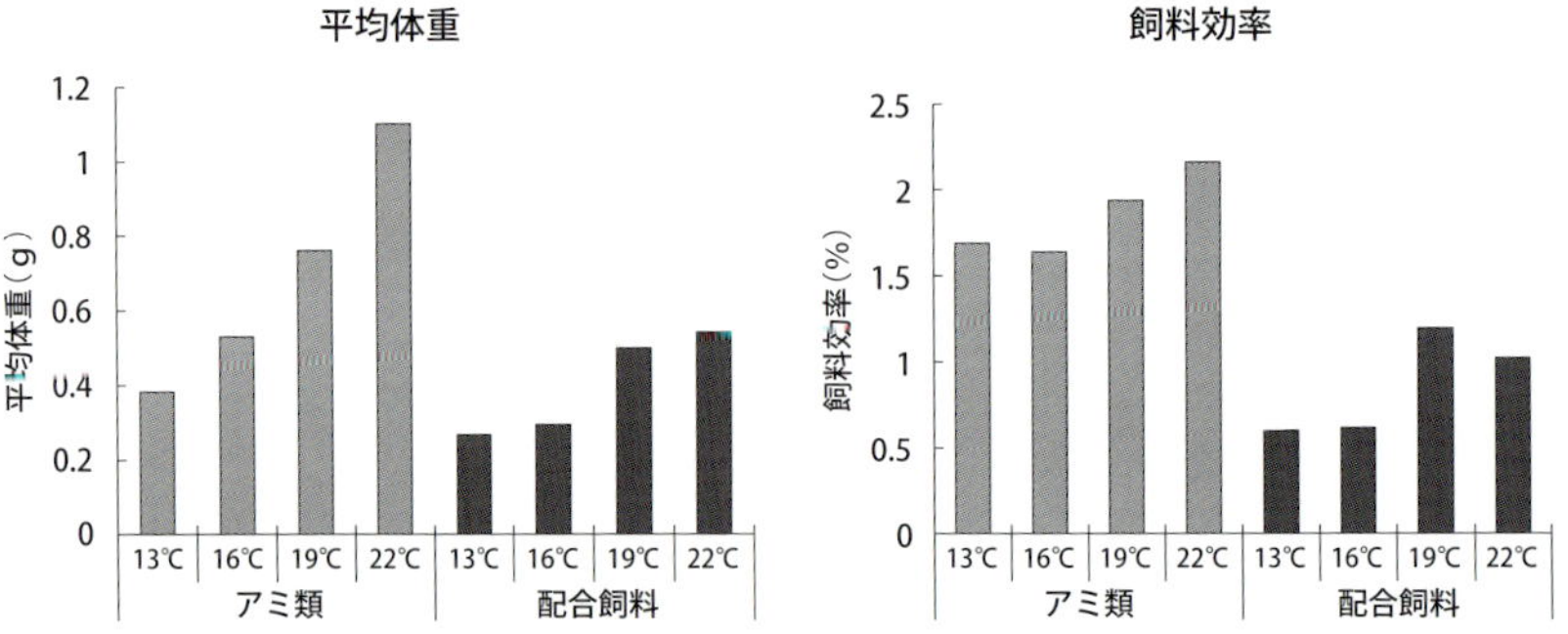

図3－5　生きたアミおよび配合飼料を給餌したヒラメの飼育成績
（Seikai et al. : Fish. Sci. 1997 より作図）

る有効成分はタウリンをはじめとする遊離アミノ酸であること、市販飼料のタウリン含量はヒラメ稚魚のタウリン要求量を満足していないことが明らかになりました。以前にも天然のヒラメ稚魚と養殖の稚魚ではその行動に違いがあり、天然稚魚は摂餌行動において底面を離れる時間が短く、遊泳コース中の反転傾向が強いことが報告されていました。この結果の注目すべき点として、アミ粉末摂餌区は天然魚と類似する摂餌行動をすることが見出されたことです。この時期のヒラメに低タウリン含有飼料を与えると摂餌行動が緩慢になり、池のコイのようにいつまでも海面近くに漂って摂餌を繰り返します。飼料中に少なくとも５００mg／１００g以上のタウリンを含む飼料で飼育しないと機敏で正常な摂餌行動を示しません。このような異常行動の原因として、タウリンは網膜形成に関与することから餌が良く見えないためか、あるいは神経伝達物質として働くことから行動制御機能がうまく伝達できず、異常をきたしている可能性が考えられます(第3章「脳とタウリン」参照)。このようなヒラメを自然界に放流するとたちまちマゴチやイシガニなどの捕食者の餌食となり、放流効果はなくなってしまいます。

これまで海産魚類は、淡水魚類で通常試験飼料に用いているカゼインや卵アルブミンなどを主成分とした精製飼料は摂餌せず、摂餌しても魚粉飼料のような成

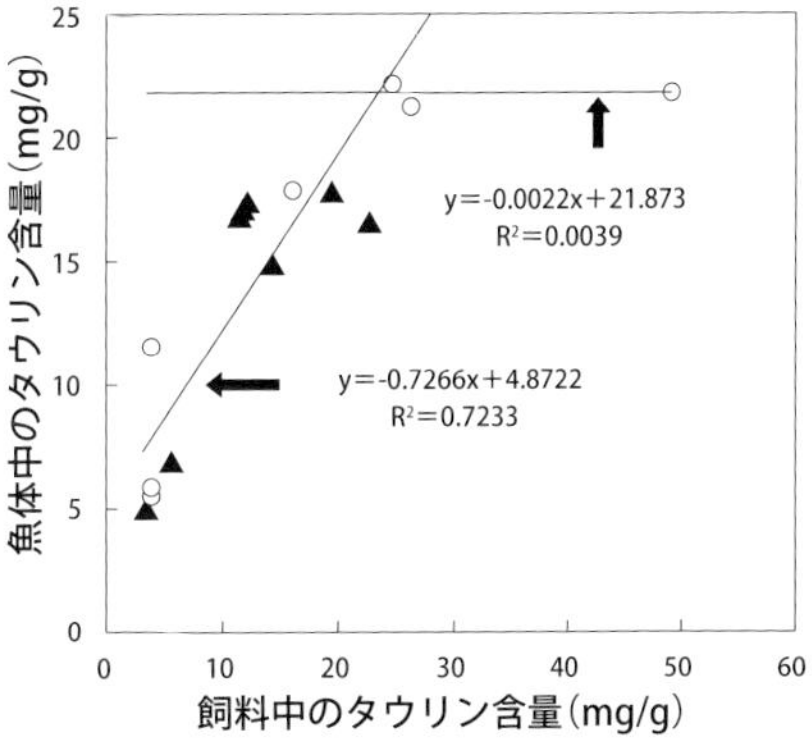

図３－６　ヒラメ稚魚の魚体中タウリン含量と飼料中のタウリン含量との関係
(Takeuchi: Aquaculture 2001 より作図)

長や飼料効率が望めず、その原因が不明でした。著者らの研究から、マダイ稚魚にタウリン含有カゼイン精製飼料を与えたところ、タウリン添加量の増加に伴い成長や飼料効率が改善され500mg／100g（0・5％）以上で最大に達しました。さらに摂餌行動もタウリン含有飼料で活発で、体色も黒ずみがなく鮮明なピンク色を呈するなど（図3—7）、マダイ本来の色調を示すことがわかりました。すなわち、これまで精製飼料にタウリンが含有されていなかったことが原因で海産魚類が育たなかったことが突き止められたのです。今後、海産魚類のタウリン要求量を魚種ごとに調べること、その上で各種栄養成分の欠乏症や要求量を詳細に検討することなどにより、新たな栄養要求量が把握できるようになりました。タウリンが海産魚類において必須の栄養素であることが明らかになったことは極めて重要で価値ある発見といえます。

その後の研究で、配合飼料を給餌する稚魚期のヒラメとマダイのタウリン必要量が明らかにされ、ヒラメ稚魚では飼料中1500～2000mg／100g含まれれば最大の成長と飼料効率が得られることがわかりました。この量はヒラメが好んで食するアミ類の値に近い含量です。これはネコで報告されているタウリン要求量、80mg／100gの20倍以上も高い量であることがわかりました。さらに最近、ヒラメと同じ仲

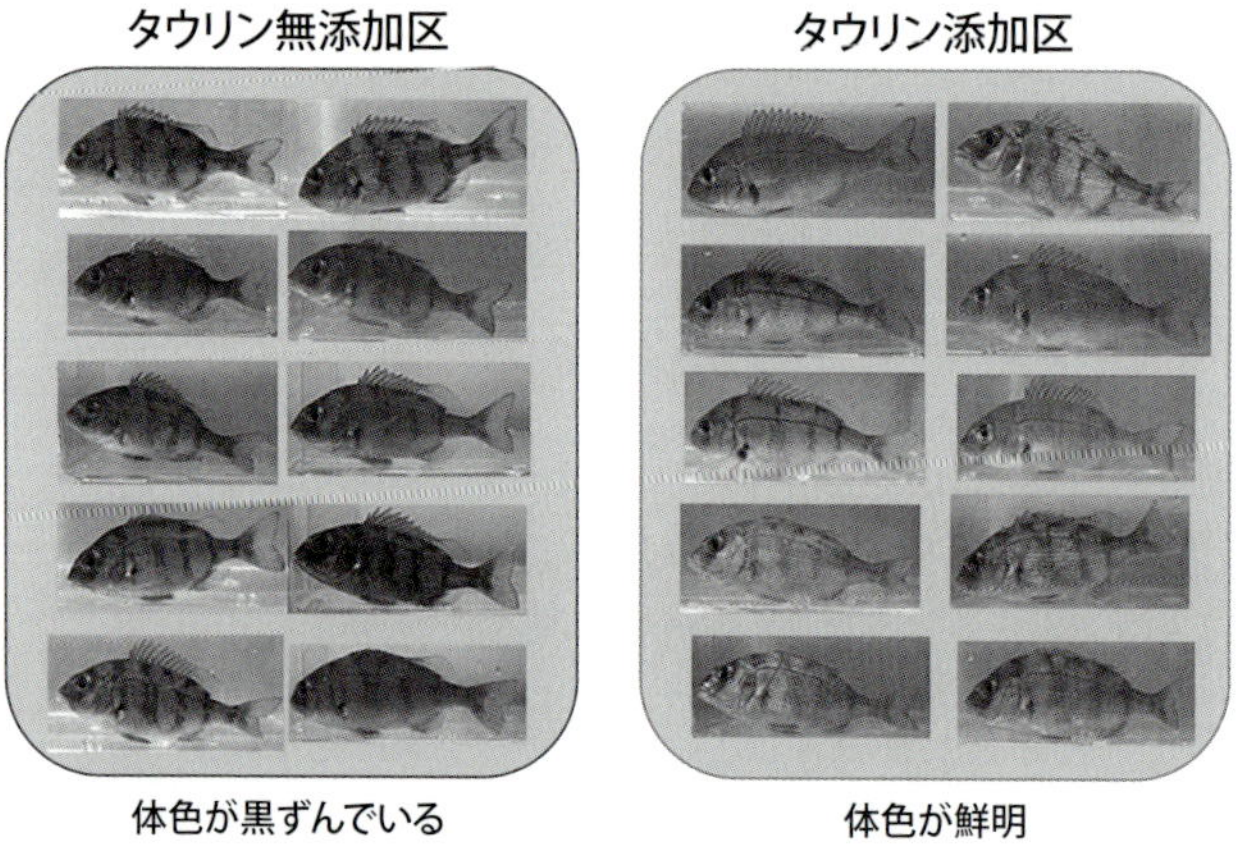

図3－7　タウリン無添加区（左）及びタウリン添加区（右）におけるマダイの写真

コラム❸　人工種苗生産

人工種苗生産とは、哺乳動物における幼児期までの飼養技術です。すなわち親を養成して人工的に採卵・受精させ、その後ふ化した魚を稚魚まで生産する技術のことを言います。下図のように様々な要素技術を組み合わせた流れとなっています。

通常、天然ではふ化後に生き残る確率は1％以下ですが、種苗生産によりその確率を50％以上にして、得られた稚魚を放流事業や養殖業に使用しています。

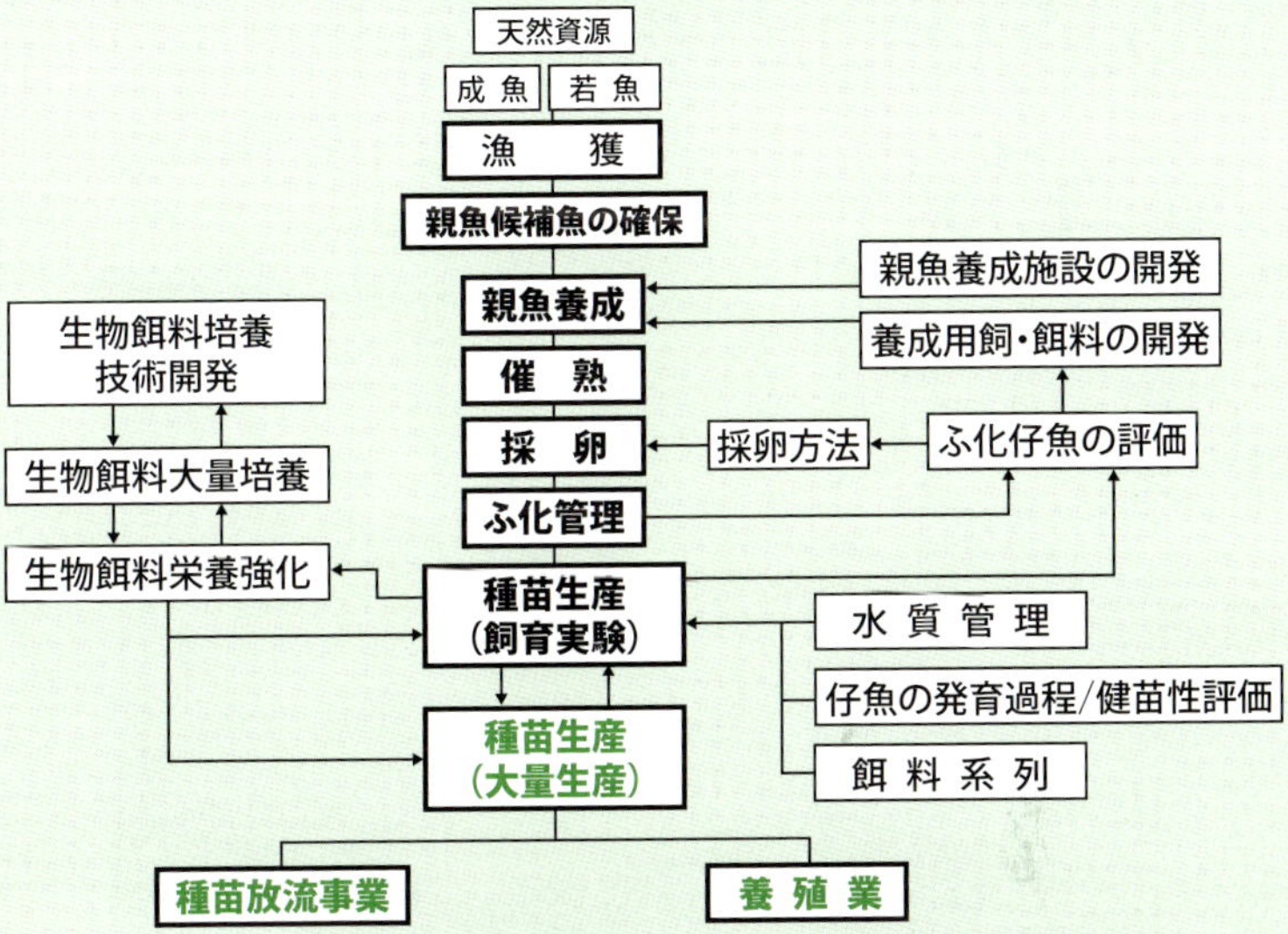

人工種苗生産技術開発の流れと要素技術

(水産海洋ハンドブックより一部改変)

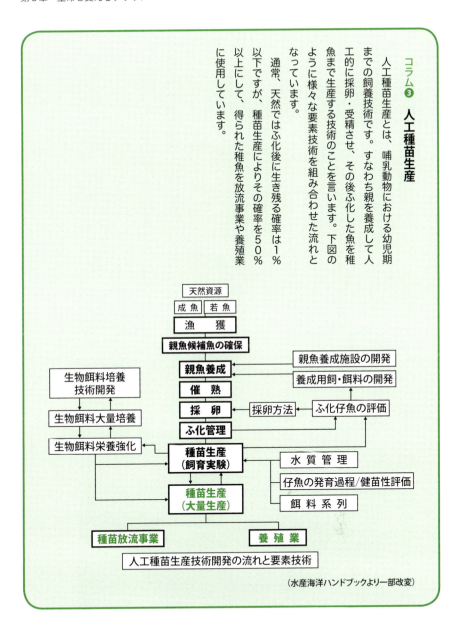

間のマツカワやマガレイ稚魚などでもタウリンを多量に要求することが次第に明らかになりつつあり、ヒラメやカレイなどの異体類はタウリン必要量が高いことが伺われます。

海産魚類の幼・成魚期：養魚用飼料には通常50％以上の魚粉が含有されますが、「魚で魚を養殖している」という批判や、日本近海におけるマイワシ資源の減少に伴う魚粉の量的減少および輸入魚粉の価格の不安定化により、飼料タンパク質源を植物性原料で代替する研究が1990年代前半から活発化しました。その過程で、全く魚粉を用いない無魚粉飼料を作成してブリやマダイを飼育したところ3ヶ月ほどで成長が停止し、肝臓が緑色を呈する、いわゆる緑肝症の魚が多発しました（図3―8）。その後、無魚粉飼料にタウリンを添加することで症状が軽減することが明らかにされました。肝臓中でヘモグロビンが分解してできるビリルビンやビルバルジンはタウリンと結合してタウリン抱合体を形成し、体外に排泄されます。飼料中にタウリンが少ないとタウリン抱合体が十分に形成されず、ビリルビンやビルバルジンが肝臓に鬱積《うっせき》し、緑肝症が発現すると考えられています（図3―9）。

また、ブリ幼魚に濃縮大豆タンパク質を主成分とした無魚粉飼料を39週間給餌した場合、飼料中に4・5％のタウリンを添加すると、魚粉主体の飼料に比較して成長は若干劣りますが、緑肝症などを生じませんでした。このことから、タ

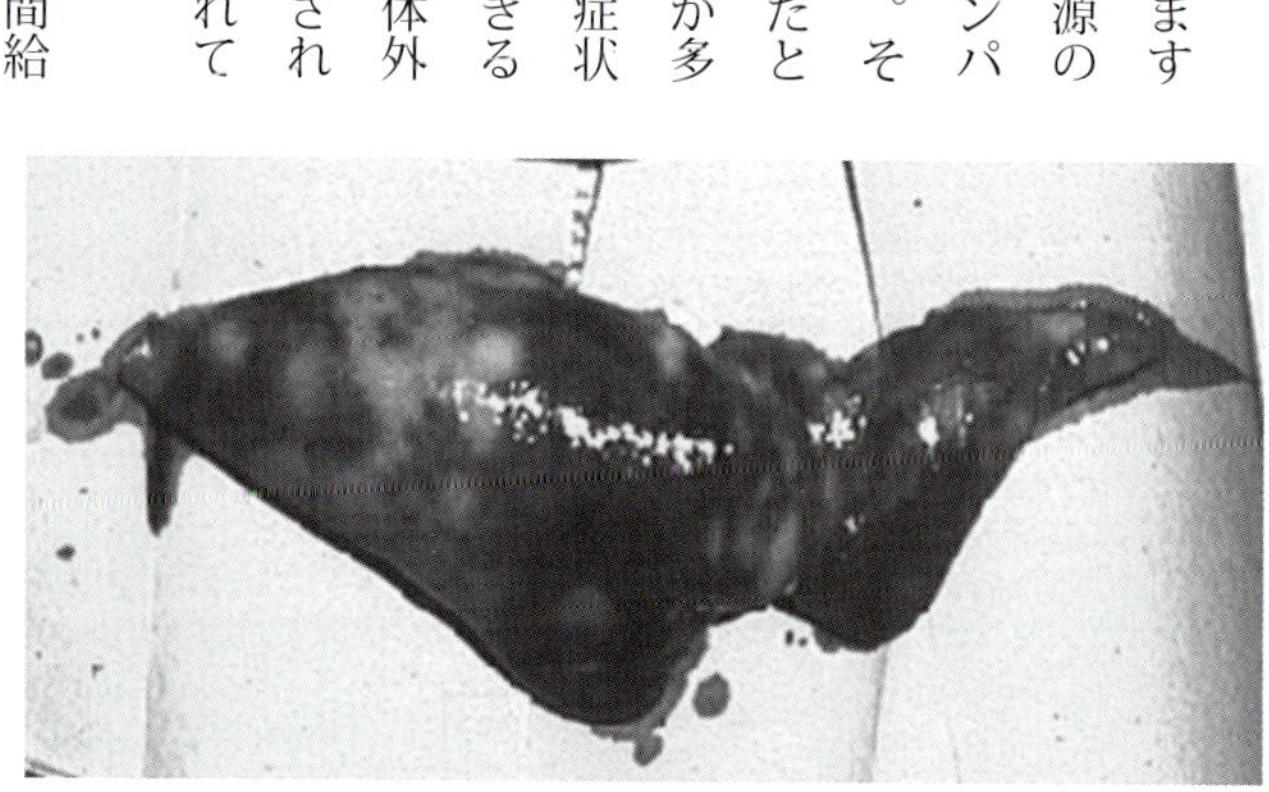

図3－8　ブリに低タウリン飼料を与えた時に発現する緑肝症
（舞田正志氏提供）

ウリンは仔稚魚のみならず、ブリ幼・成魚に対しても必須であることが明らかになりました。ただし、これらの研究で大豆油粕を大量に使用した場合には、タウリンを大量に添加しても魚粉と同等の効果は得られません。大豆油粕自体に含まれる成長を抑える物質（抗成長因子）がかかわっているものと推察されています。これまで魚粉には魚の成長を促進する未知の成長因子があるとされてきましたが、その1つがタウリンであることは間違いなさそうです。

（4）合成タウリンの規格

タウリンに関する著者らの研究をきっかけに、１０年以上の歳月を経て合成タウリンを飼料添加物に指定しようという動きに至りました。そして、懸案であった合成タウリンは前述したように、平成２１年６月２３日付で農林水産大臣より飼料添加物として「飼料の栄養成分その他の有効成分の補給」の用途、「アミノ酸等」の区分に指定されました。これまでに農林水産省における農業資材審議会飼料分科会での審議のみならず、厚生労働省薬事・食品衛生審議会、食品安全委員会肥料・飼料等専門調査会および同動物医薬品専門調査会での審議、さらにはパブリックコメントの実施など、データ提出後2年弱の期間を要しました。今回の飼料添加物の指定は（社）日本養魚飼料協会の関係者のみならず、魚類養殖業者にとっても朗報と言えます。飼料添加物として指定を受けた合成タウリンの性

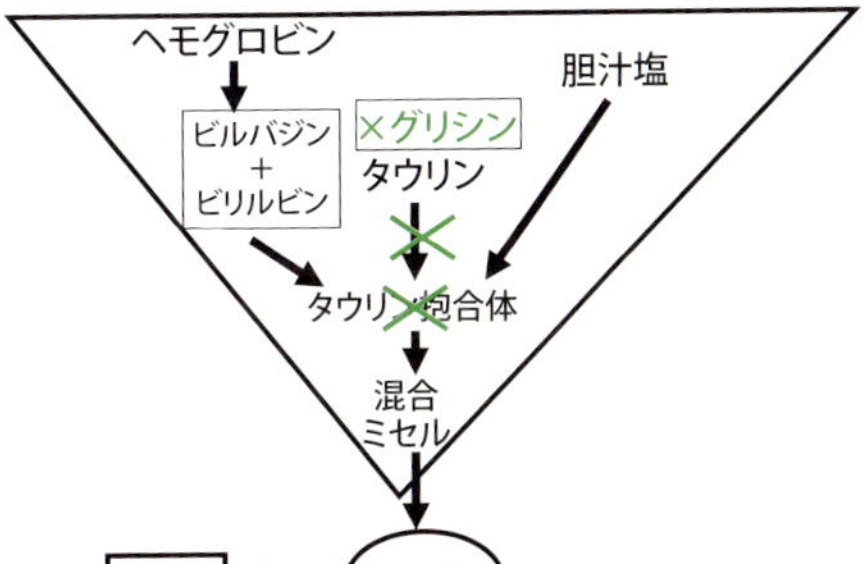

図３－９　肝臓におけるヘモグロビンの排泄機構
（後藤孝信氏　提供、一部改変）

状は、純度が99・0％以上の無色または白色の無臭の結晶上粉末であり、市販されているドリンク剤に使用されているものと同一の規格です。極めて安定性に優れ、養魚飼料へ添加しても、6ヶ月間ほとんど変化しません。安全性についても、厚生労働大臣が定める物質に追加され、飼料への添加上限も定められていません。すなわち、安心・安全な飼料添加物として必要十分な量を飼料に添加することができます。

（5）まとめ

表3―4に海産魚類に対するタウリンの効果をまとめて示します。タウリンは海産仔稚魚には成長・生残、摂餌行動に必須であり、浸透圧調節に関わるなどその効果は大きいと言えます。表3―5には魚類のタウリン必要量を示します。要求量と言えないのは、厳密に濃度別の実験をしていないからです。今後より詳細な数値が得られるようになることでしょう。

合成タウリンが飼料添加物に指定されたことを受け、これまでのような養魚飼料における魚粉一辺倒の姿勢からの脱却が図れます。合成タウリンは天然のものに比較して低価格であることから、必要量を飼料に十分添加しても飼料価格の上昇を抑えることが可能となりました。新しい低あるいは無魚粉配合飼料の開発において、数種類の動植物タンパク質原料を組み合わせた実用飼料におけるタウリ

表3－4　海産魚類に対するタウリンの効果

- 仔稚魚の健苗性（成長・生残）の向上
- 仔稚魚の種苗性（摂餌行動）の向上
- 緑肝症の防止
- 幼・成魚の成長促進
- 海産魚類用精製飼料開発に貢献
- 浸透圧の調節（タウリントランスポーターの活性：海水魚＞汽水魚＞淡水魚）

ンの適正添加量を把握することで、今後の養殖産業の新しい方向性が見えてくると言えます。ただし、前述したように植物性原料の代表である大豆油粕や濃縮大豆タンパク質には、現在まで明らかにされていないなんらかの抗成長因子が含まれている可能性があります。いまのところ、大豆油粕などを多用した飼料では1000㎎／100g以上のタウリンを飼料に添加する必要がありますが、ブリやマダイなどの海産魚類におけるタウリン要求量は400～500㎎／100g程度と推察され、そのギャップを埋める研究が急務です。さらに新たなタンパク質原料の探索や開発も必要で、植物性原料のみならず、これまで重金属などが含まれ使用できなかったホタテ貝中腸腺やイカ内臓などの原料を含め、今後の研究の進展が待たれます。合成タウリンを有効に利用し、マグロをはじめとする海産魚類が元気になることはもちろん、養殖産業全体の活性化が図られることが期待されます。

最後に、動物におけるタウリン要求と必須アミノ酸要

表3－5　魚類他における飼料中タウリンの必要量（乾燥重量100g あたり）

魚　種		必要量（mg/100g）
海産魚類		
ワムシ給餌期	ヒラメ・マダイ・カンパチ・マダラ・クロマグロ	400 以上（ワムシ乾燥重量当たり）
稚魚期	ヒラメ	1500 以上（配合飼料）
	マダイ	500 以上（カゼイン精製飼料）
	シーバス	800 程度（植物性原料含有飼料）
	スギ	550 以上（60%酵母タンパク質使用）
	ヨーロッパキダイ	340 以上（25%大豆濃縮タンパク質使用）
幼・成魚期	ブリ・マダイ	400 以上（配合飼料）
	ブリ	4500 程度（タンパク質源に大豆濃縮タンパクを用いた配合飼料）
	マダイ	1000 以上（高植物性原料含有配合飼料）
淡水魚類	ニジマス	要求せず（ただし、100%植物原料使用の場合には要求）
	コイ・ティラピア	要求せず
	ウナギ稚魚	1500－2000
	アユ	要求の可能性あり
甲殻類	バナメイ	1680 程度（植物性原料 73%使用）
哺乳動物	仔ネコ	80 以上

（竹内：日水誌 2010 一部改変）

求の比較を表3―6に示します。ヒトの必須アミノ酸は8種類で、乳幼児のみヒスチジンとタウリンを要求します。鶏は尿と糞を同時に、かつ尿は尿素としてではなく尿酸として排泄することから、グリシンがその代謝に必須です。ネコと海産魚類においては成長過程にかかわらずタウリンを要求し、かつ必須アミノ酸要求も一致しています。両者が同じ要求をすることはなにか不思議で興味がわきます。

2. 胎児・乳幼児とタウリン

(1) 母と子を結ぶ栄養素タウリン

ヒトは哺乳類であり、哺乳とは「乳を飲ませて子を育てること」という意味です。おなかの中にいる哺乳類の胎児は胎盤を介して母体とつながり、栄養を補給してもらって発達していきます（図3―10）。出産後も新生児は母親より母乳をもらうことで栄養補給を受けて育ちます。

第1章の説明にあったように、タウリンは2つの方法で細胞に届けられます。1つは食事の中に含まれているタウリンが腸管で吸収されて血中に移行し、全身をめぐる血液から細胞に取り込まれ利用される経路です。もう1つはシステインというアミノ酸を原料にして、細胞内でタウリンが合成される経路です。哺乳類の胎児は自分で食物から栄養を摂取することはできず、母

表3－6　種々の動物におけるタウリン要求と必須アミノ酸の関係

アミノ酸	ヒト	ラット	豚	犬	猫	鶏	牛	淡水魚類	海産魚類
タウリン	△	×	×	×	○	×	×	×	○
グリシン	×	×	×	×	×	○	×	×	×
アルギニン	×	△	△	△	○	○	×	○	○
ヒスチジン	△	○	○	○	○	○	×	○	○
バリン	○	○	○	○	○	○	×	○	○
ロイシン	○	○	○	○	○	○	×	○	○
イソロイシン	○	○	○	○	○	○	×	○	○
リジン	○	○	○	○	○	○	×	○	○
メチオニン	○	○	○	○	○	○	×	○	○
フェニールアラニン	○	○	○	○	○	○	×	○	○
スレオニン	○	○	○	○	○	○	×	○	○
トリプトファン	○	○	○	○	○	○	×	○	○

（○ 必須　△ 成長期のみ必須　× 非必須）（動物栄養学 1998 改変追加）

親から胎盤とさい帯（へその緒）を介して与えられる栄養に依存しています（図３―１０及び３―１１）。新生児もある程度発達し、固形物を食べて消化吸収ができるようになるまでは、母乳を飲むことで栄養の吸収を行って発達します。哺乳類の胎児や新生児では、自らタウリンを合成する能力が低いため、胎児や新生児が必要とするタウリンを直接母親からもらわなければ生きていけないということを意味しています（図３―１２）。実際母親にタウリンを与えると、それが母乳を介して新生児に届くことが証明されています。この点でタウリンは母と子を結ぶ栄養素であると言えるのです（図３―１３）。母乳にはタウリンが豊富に含まれており、アミノ酸の中ではグルタミン酸に次いで多く母乳に含まれていることが知られています（表３―７）。ヒト以外の哺乳類でも同様に高い濃度のタウリンが母乳に含まれています。さらに、タウリンは子どもを出産して早い時期の母乳ほど多く含まれているのです。これらの事実は新生児の発達にタウリンが大切な働きをしていることを示しています。胎児は母親の子宮の中で羊膜により包まれ、羊水の中に浮かんでいます（図３―１０）。妊娠初期には羊水の多くが母体の血液に由来しますが、羊水に含まれるタウリンは母親の血液中のタウリン濃度より高いことが分かっています。羊水のタウリンが濃縮されているということです。羊水に含まれるタウリンの働きはよくわかっていませんが、なんらかの意味があって、母親より高い濃度になっているのです。では、もっぱら母親から与

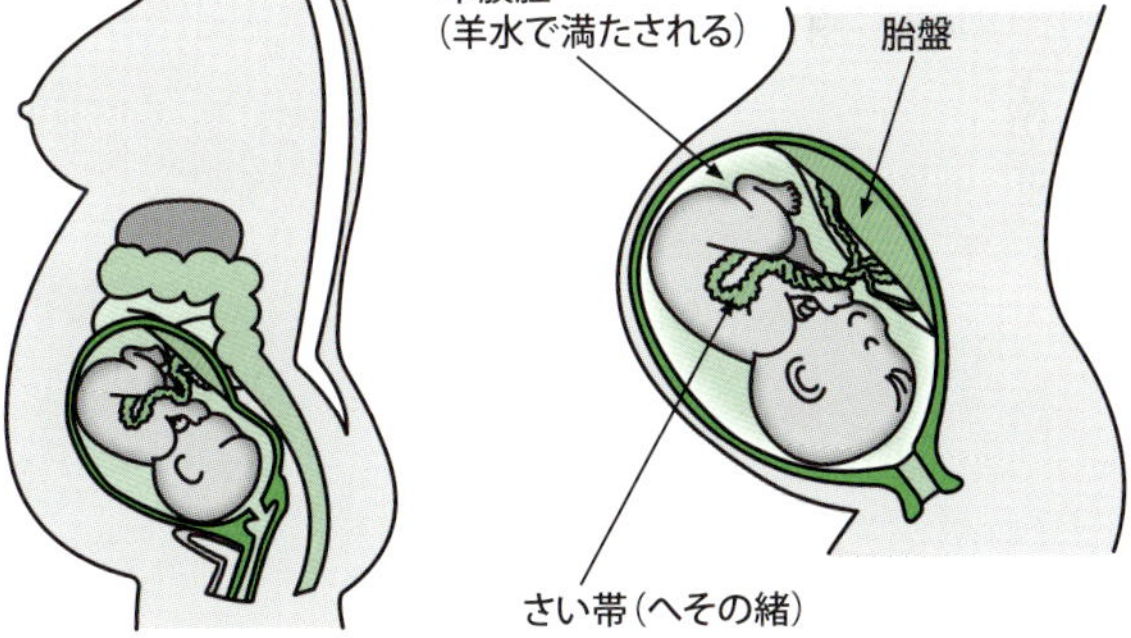

図３－１０　母親と胎児

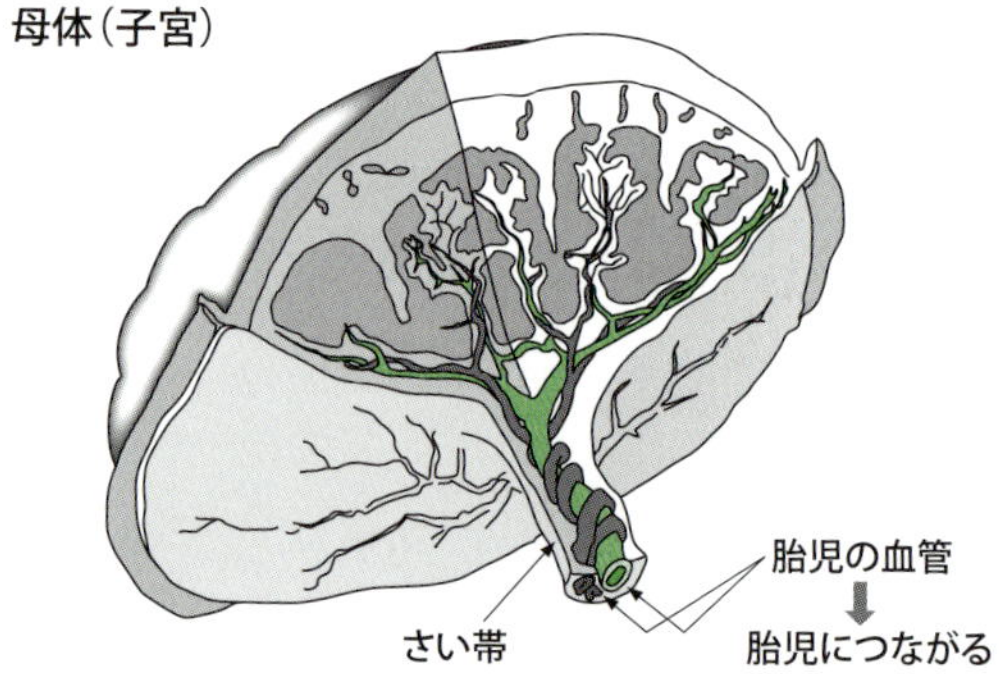

図３－１１　胎盤の構造

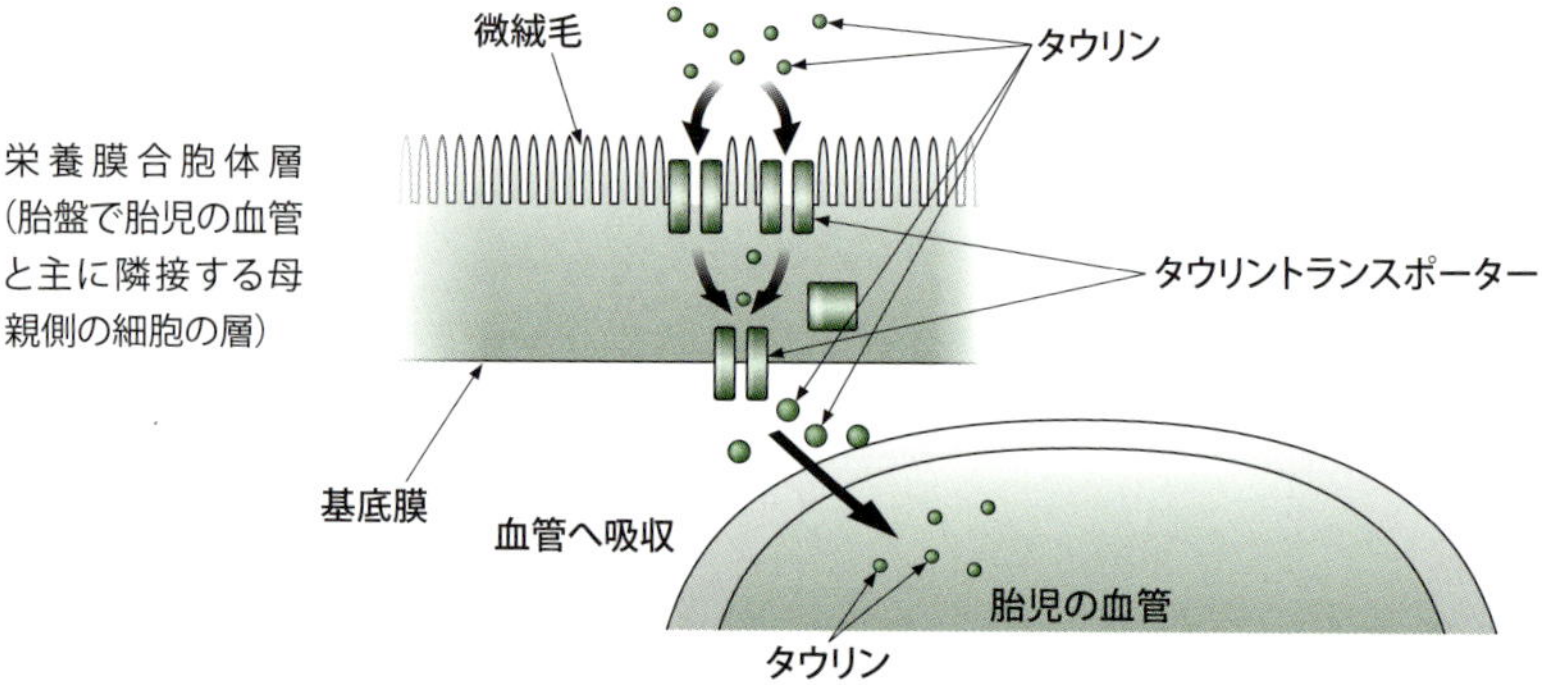

図３－１２　母親から胎児へのタウリンの受け渡し

表３－７　母乳に含まれるタウリンの濃度

種	母乳に含まれるタウリン（μmol/100ml）
ヒト	26.6-33.7
チンパンジー	26.4
ヒヒ	38.0
アカゲザル	53.2
ジャワザル	13.5
ウシ	3.7-12.1
ヒツジ	14.1
ウサギ	13.6
モルモット	16.6
ラット	15.2-63.3
スナネズミ	678

Sturman JA et al., Life Sciences (21): 1-22, 1977 より改変

図３－１３　授乳中の赤ちゃん

えられる栄養素であるタウリンは胎児、新生児の発達にどのような役割をしているのでしょうか？ 次に動物実験での研究結果を紹介していきます。

（２）脳、神経系の発達におけるタウリンの役割：ネコ・ネズミでの研究成果

タウリンは胎児期の脳に最も多く含まれる遊離のアミノ酸です。マウスやラットなどのげっ歯類では、脳に含まれるタウリン量は胎児期から出生へ向けて少しずつ増えてゆきます。出生直後が最も多く、その後減っていくという変化を示します。胎児期から出生直後にタウリンが脳に豊富に含まれるということは、この時期の脳の発達にタウリンが大切な働きをしていることが予測されます。動物実験で示されたタウリンの脳の発達における重要性の例を説明していきます。体内でタウリンをどのくらい合成できるかは、動物種により大きな差があります。マウスやラットは体内で多くのタウリンを合成できますが、ネコはほとんど合成できません。したがって、ネコはタウリンを含まないエサを与えるとタウリン欠乏に陥ってしまいます。米国ハーバード大学のグループはネコを使い、発育に対するタウリンの影響を検討しています。子ネコにタウリンを含む餌を与えた群とタウリンを含まないエサを与えた群で、成長を比較したのです（図３―１４）。タウリンを含むエサを与えた子ネコは血中のタウリンは正常な値でしたが、タウリンを含まないエサを１２～１５週間与えたネコはほとんど０に近い値でした。一

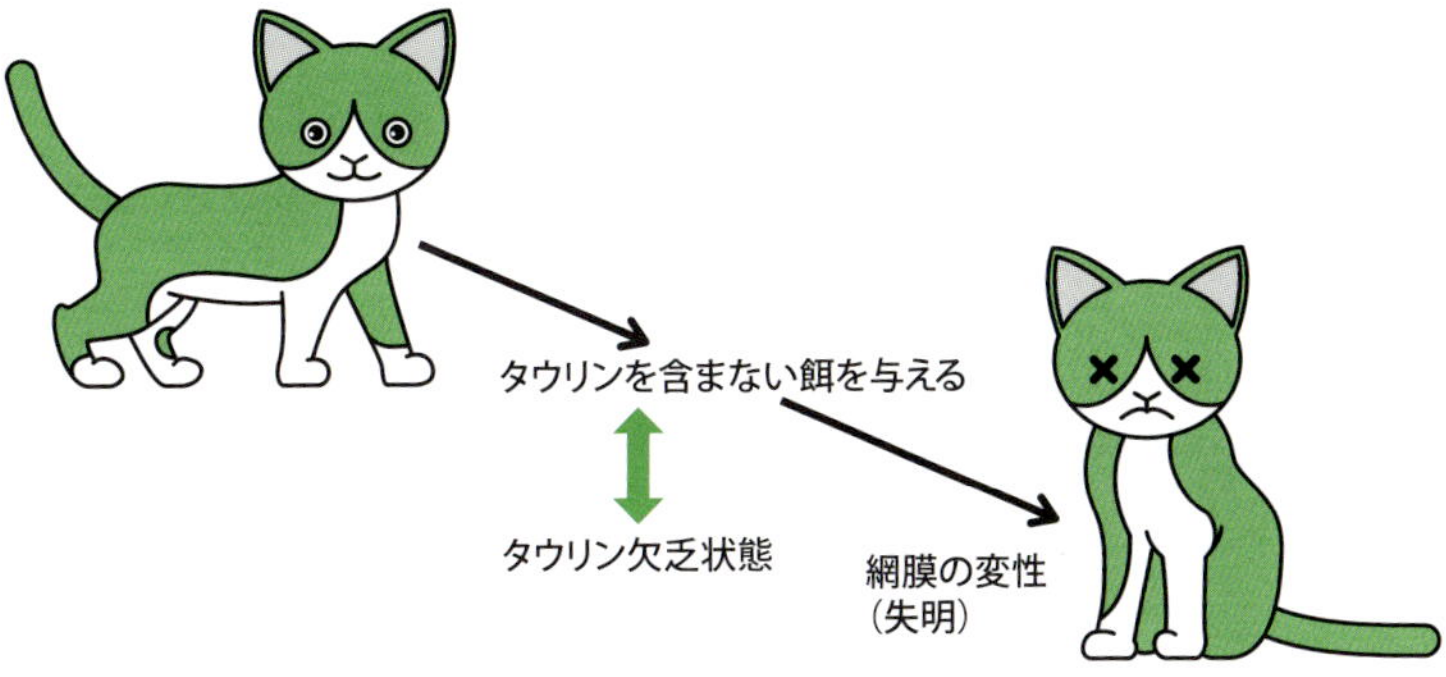

図３－１４　タウリン欠乏実験

方、他のアミノ酸の血中濃度は両群でほぼ同じでした。この時タウリンを含まないエサを与えた子ネコでは、目の網膜で光を感知する細胞が死んでいくこと、これと並行して網膜のタウリン濃度が低下していくことが明らかになりました（図3―14）。さらにメスのネコにタウリン欠乏食を6ヶ月以上与え、その後オスと交配させると、正常な妊娠を経て出産するものの割合は通常のエサを与えた雌に比べ3分の1に減少していました。また生まれた子も早産で死亡したり、低体重のものが多く、網膜異常や脳の形態にも異常が多く観察されました。このようにネコを用いた研究結果から、親のタウリン欠乏は胎児の生死、胎児の目など末梢感覚器や脳の発達に重大な影響を与えることがわかりました。

ヒトの脳は80億以上の神経細胞からできていると言われています。胎児期に神経幹細胞という細胞が分裂を繰り返し、分化することで神経細胞が生み出されます（図3―15）。さらに、これらの神経細胞が適切な場所に移動することで、脳全体の構造が正しく形づくられます。タウリンは脳や神経系の発達にどのような形で関与しているのでしょうか？残念ながら詳しいことはまだわかっていませんが、少しずつタウリンの作用メカニズムが明らかにされつつあります。まず、タウリンは神経幹細胞の細胞分裂を促進することが報告されています。また妊娠したマウスにタウリン合成を阻害する薬物を投与し、タウリン欠乏状態にすると、胎児の脳における神経細胞の移動が早くなることがわ

図3－15　神経幹細胞と移動中の神経細胞（神経幹細胞が分化してできる）

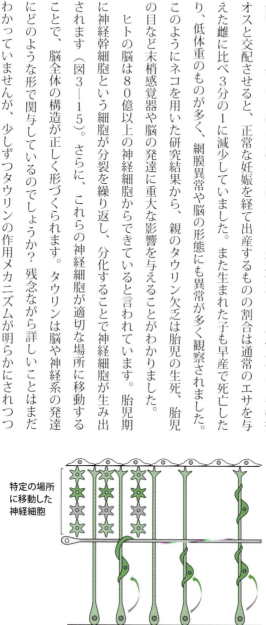

かりました。すなわち、脳のタウリンが神経細胞の移動に影響を与えており、タウリンが欠乏すると正常な脳の形成がうまくいかなくなる可能性が示されました。

では次に、細胞へのタウリンの運び屋であるタウリントランスポーターを遺伝的に欠損させたタウリントランスポーターノックアウトマウスで脳はどうなっているのでしょうか？　先にも述べたようにタウリントランスポーターノックアウトマウスでは、タウリンの運び屋が欠落しているため、エサから摂取したタウリンが細胞内へ取り込むことができず、細胞内のタウリン量が低下しています。このマウスでも網膜の異常による失明や脳の機能異常が報告されており、脳や神経系の正常な発達や機能維持においてタウリンが重要な役割を担っていることがわかります。

（３）ヒトをはじめとする霊長類の発達におけるタウリンの役割

これまではマウスやネコを用いた研究結果を紹介してきました。皆さんが知りたいのはヒトではどうかということだと思います（図３―１６）。ヒトは特殊な例を除いて実験することが難しいため、ヒトの胎児や新生児における報告は限られてくるのですが、ヒトに近いサルなどの霊長類の胎児、新生児の、特に脳や感覚器の発達におけるタウリンの働きについて研究した報告はいくつか見られま

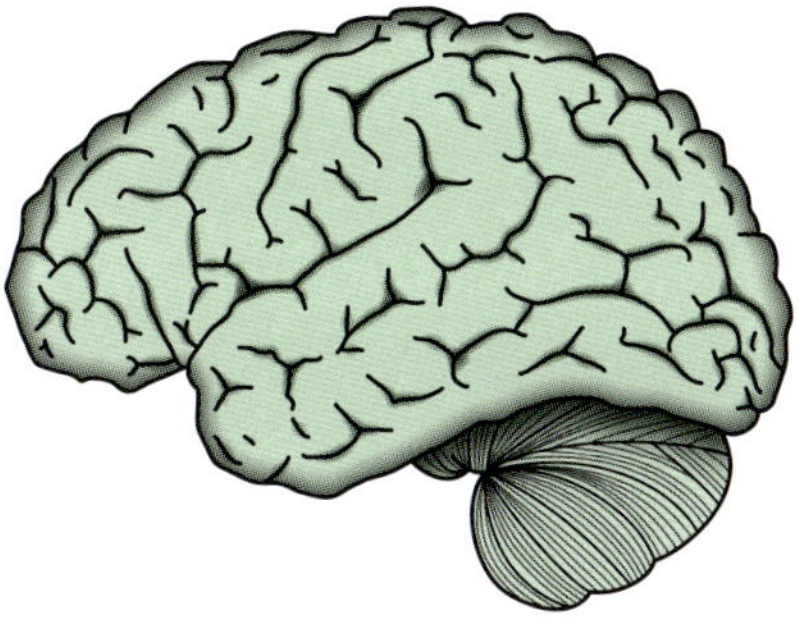

図３－１６　ヒトの脳

す。

アカゲザルの胎児や新生児の脳に含まれるタウリン濃度を経時的に調べると、胎児期には出生まで少しずつ増加し、出生前後が最も高く出生後は減少していきます。成体の脳におけるタウリン濃度が、測定した時期の間では最も少ないということがわかっています。人工中絶を受けたヒト胎児の脳を調べても、どの時期も成体の脳よりタウリン濃度が高いことが示されています。これは先ほど示したネズミの結果と同様であり、ヒトをはじめとする霊長類においても、胎児や新生児の脳はタウリンを成体の脳に比べてより豊富に含むことがわかります。

気になるタウリンの役割ですが、次のような研究結果があります。英国のグループが、早産で低出生体重の赤ちゃんが病院に入院している間にタウリンの血漿濃度を測定し、その後1歳半において精神発達の度合いを調べる試験を行い、7歳の時点で知能テストを行いました。そして、1歳半の試験の結果や7歳の時点での知能テストの結果と血漿タウリン濃度に正の相関があることがわかりました。すなわち新生児期に血漿タウリン濃度が低いほど、1歳半における精神発達の度合いや7歳の時点での知能テストの結果が低いという結果が得られたのです。このことはタウリンが特に出産前後（周産期）におけるヒト脳の発達に寄与していることを示唆しています。

サルではタウリン制限実験が行われています。サルの赤ちゃんを生まれてすぐ

郵便はがき

料金受取人払郵便

新宿局承認

4186

差出有効期間
平成29年２月
28日まで

1608792

877

（受取人）

東京都新宿区南元町４の５１
（成山堂ビル）

㈱成山堂書店　行

お名前	年　齢　　　歳 ご職業	
ご住所（お送先）（〒　　－　　）		1．自　宅 2．勤務先・学校
お勤め先（学生の方は学校名）	所属部署（学生の方は専攻部門）	
本書をどのようにしてお知りになりましたか A. 書店で実物を見て　B. 広告を見て（掲載紙名　　　） C. 小社からのＤＭ　D. 小社ウェブサイト　E. その他（　　　）		
お買い上げ書店名 市　　町　　書店		
本書のご利用目的は何ですか A. 教科書・業務参考書として　B. 趣味　C. その他（　　　）		
よく読む 新　聞	よく読む 雑　誌	
E-mail（メールマガジン配信希望の方） @		
図書目録	送付希望　・　不　要	

―皆様の声をお聞かせください―

成山堂書店の出版物をご購読いただき、ありがとうございました。
今後もお役にたてる出版物を発行するために、
読者の皆様のお声をぜひお聞かせ下さい。

お声をお寄せいただいた愛読者の方の中から
抽選で図書カード(1000円分)を進呈いたします。

代表取締役社長
小川典子

本書のタイトル(お手数ですがご記入下さい)

■ 本書のお気づきの点や、ご感想をお書きください。

■ 今後、成山堂書店に出版を望む本を、具体的に教えてください。

こんな本が欲しい!(理由・用途など)

■ 小社の広告・宣伝物・ウェブサイト等に、上記の内容を掲載させていただいてもよろしいでしょうか?(個人名・住所は掲載いたしません)

はい ・ いいえ

ご協力ありがとうございました。

(お知らせいただきました個人情報は、小社企画・宣伝資料としての利用以外には使用しません。25.4)

にお母さんから引き離し、調合乳（人工ミルク）を与えてヒトの手で育てます。人工ミルクにタウリンを加えたものを与えた場合、生後１月における血漿中のタウリン濃度が１６・２〜１６・９μｍｏｌ／dlであったのに、タウリンを加えない場合は３・３〜４・２μｍｏｌ／dlとおよそ１／５〜１／４にまで減っていました。さらにこのような餌を５ヶ月続けたのちの体重増加量は、タウリンを加えた餌を与えた場合に比べて統計的に有意に小さく、タウリンが新生児の発達に大切な役割を果たしていることがわかりました。ただし、この餌で生後５ヶ月まで育てた後に脳の形態に、肉眼で認識できるような違いはありませんでした。また、タウリン欠乏状態におかれたネコやタウリントランスポーターノックアウトマウスでは網膜の変性が観察することができましたが、タウリン制限餌を与えられたサルでは網膜の異常は認められませんでした。サルを用いた実験で、タウリンと脳や神経系の発達に明確な関連が見いだされなかった理由として、タウリンの血中濃度は低下していたものの、脳や網膜などの感覚器の発達に必要なタウリンは必要量あり、タウリン欠乏の効果が観察されない可能性があります。また肉眼での変化が見られなかったとしても、脳を構成する細胞や細胞と細胞をつなぐ神経回路や脳の機能に異常がある可能性が考えられ、さらに詳細な研究が必要です。

3. 心臓とタウリン

(1) はじめに

第1章で紹介したように、タウリンは心臓にとってなくてはならない物質の1つで、タウリンを摂取しなかったネコが心筋症になってしまったという話を紹介しました。タウリンが不足すると心臓は正常な働きができなくなるのです。一方、心不全患者にタウリンを投与すると症状が改善することがわかっています。このほかにもタウリンはさまざまな心疾患に効くことが明らかにされています。本項では心臓の機能維持におけるタウリン役割を解説します。

(2) 心不全とタウリン

心臓は肺から受け取った酸素の多い血液を全身に送り出し、かつ全身から二酸化炭素の多い血液を回収し肺へと送り返す働きをしています。心臓は1分におおよそ60から140回収縮と拡張を繰り返し、休むことなく全身の血液を循環させています。心不全とは心臓が弱って全身に血液を十分に送り出せなくなることで起こる疾患です。心不全になると全身に送った血液を心臓に戻す力が弱くなるため全身に血液が滞り、いわゆるうっ血が起こります。そのため全身に水がたまり、足がむくんだり、肺に水がたまって呼吸機能が低下するため、軽度の作業で

も息切れを起こしたりします。

タウリンの心不全への効果が始めて報告されたのは１９７０年代後半のことです。心筋症を自然発症するＢＩＯ１４・６という系統のハムスターにタウリンを投与すると、心臓の収縮機能が改善したというものです。それ以降さまざまな動物モデルにおいて、タウリンが心不全に対して効果があるとする報告が発表されてきました。また、ヒトの心不全患者に対するタウリンの有用性も１９８０年頃に相次いで報告されました。２４名の心不全患者を対象とした試験では、タウリン1日3gを4週間投与したところ、心不全患者の息苦しさや動悸、疲労のしやすさといった自覚症状、むくみや腹水などの症状が改善されることがわかりました。タウリン投与により、心不全重症度が最も高く身体活動が制限されている患者の症状が良くなり、１５名のうち１３名の重症度が改善されました。つまり、体を動かす時の症状が軽くなったのです。

さらに大規模な１００名以上の患者を対象とした試験でも、タウリンを投与された心不全患者では自覚症状や臨床所見の改善が見られることがわかりました。さらにこの試験では、心エコー検査という心臓の収縮機能を画像で測定する検査が行われ、タウリンによって心臓の収縮機能が改善したことが確認されています。つまり、タウリンが弱った心臓の収縮を助けることで、心不全の諸症状が改善することがわかったのです。ちなみに、副作用としては若干の食欲不振と軟便が見

られたと報告されていますが、特に重大な副作用はなく、安全な薬だといえます。このような臨床試験を経て、現在日本ではタウリンが心不全の治療薬として患者に処方されています。

心不全患者の運動能に対するタウリン投与の影響を見た研究もあります。心不全になると疲れやすくなるため持久力など運動機能が低下します。試験では、タウリン1日1・5gを2週間投与し、トレッドミルで患者の運動能を測定しています。タウリンを投与されなかった患者では変化がありませんでしたが、タウリンを投与された心不全患者では走行距離、走行時間ともに延び、運動持久力の改善が認められました。タウリンは心不全における運動持久力の低下を改善したのです。

このように、タウリンは心不全に対して良い働きをしますが、その作用メカニズムについてはさまざまな見解があります。そのうちいくつか紹介します。

〔1〕カルシウムとタウリン

心臓がどのように収縮と拡張を繰り返すかというと、洞房結節と呼ばれる心臓のペースメーカー（心臓の拍動のリズムを決める場所）が心臓全体に収縮するよう指令を送ります。すると心臓の細胞が興奮状態になって、細胞内にカルシウムイオンが流れ込み、収縮が起こります。次にカルシウムイオンがなくなると細胞は弛緩し、心臓が拡張します。心臓はこの収縮と弛緩のサイクルを絶えず繰り返すことで、血液を全身に送り出しています。このように、カルシウムイオンは心臓の収縮と弛緩において重要な役割を担っています。心不全の状態では、細胞へのカルシウムイオンの出し入れに関わるシステムが異常をきたし、十分な収縮と拡張が行われなくなります。

タウリンが心臓の収縮力を強める作用には、細胞内カルシウムイオン濃度の増加が関係しています。心臓の細胞を取り出してイオンの出入りを調べるパッチクランプ法という実験から、タウリンを細胞に添加すると細胞へのカルシウムイオンの流入が増えることがわかりました。不思議なことに、細胞内のカルシウム流入が増えるのは細胞外のカルシウムイオン濃度が低い状態の時のみでした。細胞外の細胞培養液を高カルシウムイオン濃度に変えると、逆にタウリンを処置することでカルシウムイオン流入は低下しました。細胞での結果と同じように、動物の心臓を用いた実験でもカルシウムイオン濃度の低い灌流液を心臓に流した場合にはタウリンは収縮力を増大させるのですが、カルシウムイオン濃度の高い灌流液で処置した場合はタウリンは収縮力を低下させることがわかりました。つまり、タウリンは細胞内のカルシウムイオンが少ないときには流入を亢進し、カルシウムイオンが多いときには流入を抑制し、細胞内のカルシウムイオンのバランスを正常に保つように働いていることがわかりました。また、細胞のカルシウムが過剰に増加することをカルシウム過負荷といい、細胞が死んだり不整脈を引き起こ

す原因となります。多くの研究から、タウリンはカルシウムの過負荷を抑制したり、カルシウムの過負荷によっておこる細胞傷害を和らげる作用のあることがわかっています。カルシウムイオン濃度に対するこのようなタウリンの作用は、第1章でも紹介したタウリンの恒常性維持作用の1つであると考えられます。

〔2〕交感神経とタウリン

内臓や血管の機能をコントロールする働きを持つのが自律神経で、交感神経と副交感神経があります。交感神経は緊張したり運動するときに働きが高まるのに対して、副交感神経は体をリラックスしているときや睡眠中に働きます。交感神経は心臓の収縮力を高めて心拍数を増加させ、副交感神経は収縮を弱め心拍数を減らします。心不全では心臓の機能が低下しているため、体が心臓の機能を増強しようとして交感神経の活動を高めます。これは自律神経のバランスが崩れた状態であり、長く続くと心臓の働きがさらに悪化してしまいます。タウリンにはこの交感神経の活動を抑える働きのあることが知られています。高血圧で交感神経の働きが亢進しているＳＨＲラットというネズミにタウリンを１０週間与えると、交感神経活動の指標となる血中のアドレナリンやノルアドレナリン量が減少し、同時に血圧も低下しました。ヒトの試験においても、タウリン投与により血中のアドレナリン量が低下し、血圧が下がることが報告されています。タウリンには異常な交感神経の亢進状態を改善する作用があるのです。

「タウリンの恒常性維持作用」
この一言にいくつもの作用が
秘められているんだ

また、過剰なアドレナリンは心臓に毒として働き、心臓の細胞死を引き起こします。心臓のアドレナリン分泌を高める薬物を投与したネズミを用いた実験で、タウリン投与がアドレナリンによる酸化ストレスの増加と心臓の細胞死を抑制されることが示されています。タウリンは交感神経の興奮を抑えるとともに、過剰なアドレナリンによる毒性から心臓を守る働きがあることがわかります。

〔3〕アンジオテンシンⅡとタウリン

アンジオテンシンⅡは血管を収縮させ、血圧を上げる作用を持つ生体内で産生される生理活性物質です。世界中の製薬会社がアンジオテンシンⅡの作用を抑える薬剤を競って開発し、現在、血圧低下剤として世界中で広く使用されています。アンジオテンシンⅡは心肥大や心臓の線維化を促進し、心臓の働きを低下させます。心不全を増悪させる因子でもあります。心臓の細胞にコラーゲンなどが蓄積し線維化が起こると細胞の機能が低下し、収縮力も弱くなります。アンジオテンシンⅡにより血圧が上がると、心臓は血液を全身に送るためにより強い収縮力が必要となり、大きなストレスがかかります。また、アンジオテンシンⅡは腎臓に働き、アルドステロンというホルモンの分泌を促します。アルドステロンは尿の排泄を抑える作用があり、体内に水が溜まり血液量も増加します。その結果、心臓に戻ってくる血液量が増え、全身に送り出す血液量も多くなるため心臓の大きな負担になるのです。

ネズミの心臓から取り出した心筋細胞を用いた実験から、タウリンはアンジオテンシンⅡによる細胞の肥大化を抑制することが報告されています。またネズミの心臓の灌流実験でも、アンジオテンシンⅡによる心臓の収縮力の過剰な増加はタウリンによって抑えられることが示されています。このように、タウリンにはアンジオテンシンⅡの心臓への悪影響を弱める効果があるのです。

(3) ペットの心筋症とタウリンの関係

これまでにも紹介しましたが、ネコはタウリンを自分の体内で作ることができないため、タウリンを餌から摂取しないとタウリン欠乏に陥ります。ネコではタウリンが欠乏すると重篤な心臓病が原因で死亡することがわかっています。米国における研究では、動物病院で心不全と診断されたペットのネコの血液中のタウリンを測定したところ、23匹中22匹に血液中のタウリンの欠乏が認められ、タウリンを1日2回投与してみたところ2週間で心臓の機能が改善されました。その後のタウリンの効果を長期間追跡した調査では、1年間生存したネコの割合は、タウリン欠乏ネコは13%だったのに対してタウリンを投与されたネコでは58%と、タウリンの投与で生存率が大幅に改善することがわかりました。また、2年以上タウリンが欠乏していたネコのうちの25%が明らかな心不全になったと報告されています。このような一連の研究から、ネコにはタウリンが大事であるという認識が一般に広まりました。

イヌの拡張型心筋症とタウリンとの関連を検討した米国での研究において、７６匹の心筋症を発症したイヌのうち１７％にタウリン欠乏が見られています。その後、詳細な検討がいくつも行われていますが、犬の種類によってタウリン欠乏と拡張型心筋症との関連性が異なるようです。以下の犬種においては、心筋症のイヌで血中のタウリン量の低下が報告されています。アメリカンコッカースパニエル、ゴールデンレトリバー、ダルメシアン、ボクサー、ニューファウンドランドなど、これらの犬を飼育されている方は、食餌に含まれるタウリンの量を気にかけておいたほうが良いかも知れません。またいくつかの報告では、タウリンを投与することにより心筋症による心機能低下が改善することが示されています。心不全に関しては、イヌやネコでも人と同じようにタウリンは効果があるようです。

ペットではありませんが、キツネの研究もあります。拡張型心筋症で死亡した牧場のキツネは、そうでないキツネに比べタウリン量が少ないことが報告されています。またタウリン量が少ないキツネでは、タウリンの合成に関わる酵素活性も低かったそうです。つまり、拡張型心筋症になりやすい家系のキツネは生まれつきタウリンを体内で作る能力が低いと考えられます。

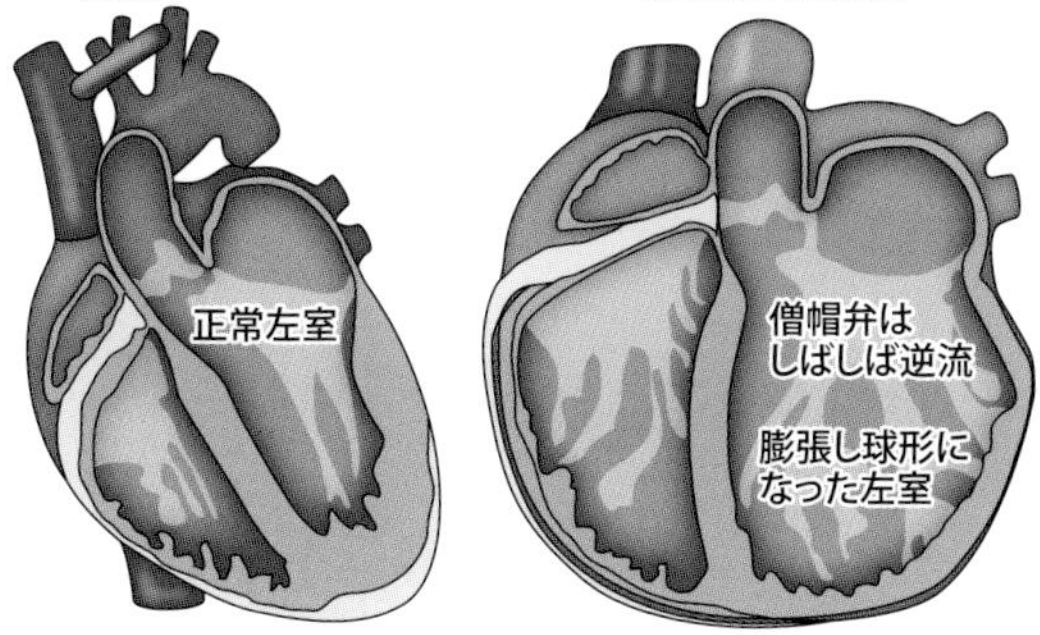

図３－１７　正常な心臓と拡張型心筋症

4．肝臓とタウリン

（1）タウリンを食べる必要はある？

タウリンは貝や魚、イカ、タコなどの魚介類、あるいは食肉やレバーに多く含まれていて、通常は動物性タンパク質から摂取されています。またタウリンは、主に肝臓にて含硫アミノ酸（メチオニン、システイン）から合成もされます。肝臓でのタウリンの合成には、2つの酵素（システインジオキシゲナーゼとシステインスルフィン酸デカルボキシラーゼ）の働きが重要で、必須アミノ酸のメチオニンから代謝されてできるシステインに、これらの酵素が作用してタウリンが合成されます。一方、タウリンは他の物質に代謝されないため、食事から摂取した分や体内で合成された分は、体の中でタウリンのままの形を保ちます。タウリン合成能には種差があり、人間と動物の間、あるいは動物間でも大きく違います。マウスやラットなどのげっ歯類では、肝臓の2つの酵素の働きが強いため、盛んにタウリンが合成されます。一方、人間ではこれらの酵素は備わっているものの、通常は食事からタウリンを充分摂取できるので、合成される分はわずかにすぎません。ただし、極端なベジタリアンで動物性タンパク質を全く食べない人は、肝臓での合成が高まると考えられています。しかしベジタリアンの方は、サプリメントなどでタウリンを補充することが推奨されています。また、ネコには合成に

＊必須アミノ酸
体内で生合成することができないため、食品からの摂取が必須であるアミノ酸。不可欠アミノ酸ともいう。動物種によって必須アミノ酸は異なるが、人間の場合、バリン、ロイシン、イソロイシン、メチオニン、ヒスチジン、フェニルアラニン、トリプトファン、スレオニン、リジンの9種類である。

重要な２つの酵素が遺伝的に欠損しているためにタウリンを合成できず、このことがタウリンをたくさん合成できるネズミなどの小動物やタウリンが豊富に含まれる魚介類をネコが好んで食べる理由だと言われています。他の章でも紹介されているように、ネコはタウリンの摂取量が少なくなると全身でタウリン不足に陥って、失明や拡張性心筋症などが発症してしまいます。そのためキャットフードには、タウリンを入れることが義務づけられています。本項では、タウリンの肝臓における役割や働きについて紹介します。

（２）悪玉コレステロールを下げるタウリン

「コレステロールは体に悪い」とか「コレステロールの摂り過ぎは動脈硬化になりやすい」とか、コレステロールは長いあいだ悪者とされてきました。しかし近年、米国心臓協会や米国心臓病学会では、コレステロールの摂取量と血中コレステロールの値に関係はないとの見解が示されました。人間の場合、食事からのコレステロール摂取よりは、体で合成されるコレステロールのほうが心血管疾患リスクを高める血中コレステロール値の上昇に関係しているためです。コレステロールとは、副腎皮質ホルモンや性ホルモンなどと似たステロイドと呼ばれる構造をもち、動物の細胞膜の一部となったり、性ホルモンやビタミンDなどの材料になったりと、様々な生体現象に関わるため、体にとって大変重要で無くてはな

＊悪玉コレステロールと善玉コレステロール
悪玉コレステロールとは、低比重リポタンパク質（ＬＤＬ）のことを指し、５割弱がコレステロール分子で構成されており、肝臓から末梢組織にコレステロール分子を運搬する働きがある。一方、高比重リポタンパク質（ＨＤＬ）が善玉コレステロールと呼ばれ、コレステロール分子の量は少なく、約７割がリン脂質とアポ蛋白で構成され、末梢組織から肝臓へコレステロールを運搬する働きがある。

らない物質です。一般的に言われる血中のコレステロールとは、コレステロールとリポ蛋白やリン脂質、中性脂肪などの成分との固まり（複合体）で、食事から摂取するコレステロールとは異なります。血液中のコレステロール複合体はリポ蛋白の種類や複合体成分のバランスの違いで、高比重コレステロール（ＨＤＬコレステロール）、低比重コレステロール（ＬＤＬコレステロール）、超低比重コレステロール（ＶＬＤＬコレステロール）などに分類されます。その中で、ＬＤＬコレステロールとＶＬＤＬコレステロールが悪玉コレステロールと呼ばれ、血液中で増加すると動脈硬化のリスクを上げるコレステロールです。

第2章「生活習慣病」の項でも紹介されているように、多くの動物実験において、タウリンにはこの悪玉コレステロールを減らして動脈硬化や高血圧などの心血管疾患を予防する効果のあることが示されています。肝臓では体のコレステロールの量を調節するために、そのままの形あるいは同じステロイドの1種である胆汁酸という物質に作り換えて、胆汁中に排泄しています。コレステロールの分解は、肝臓に含まれるチトクロームＰ４５０（ＣＹＰ）と呼ばれる酵素が何種類も関わっており、タウリンはコレステロールから胆汁酸を作る反応で特に重要な酵素（ＣＹＰ７Ａ１）の量を増やす作用があります。タウリンは、ＣＹＰ７Ａ１酵素の働きを上げてコレステロールの分解を進めることで、悪玉コレステロールが減る効果をもたらします。コレステロールの摂取を制限するより、タウリンを摂取することが悪玉コレステロールを減らす近道といえるでしょう。

（3）肝臓と腸の機能を高めるタウリン

［1］脂肪の消化・吸収力を高めるタウリン

タウリンは腸での脂肪の消化・吸収にも働いています。タウリンは、含硫アミノ酸から合成されますが、それ以上は代謝されないと紹介しました。しかし、ある種の物質に結合（アミド結合）することができます。その中で、肝臓でコレステロールから作られる胆汁酸と結合（抱合）することは古くから最も知られているタウリンの作用の1つです。この胆汁酸との抱合は、タウリンが腸での脂肪の消化と吸収を助ける作用と深く関係しています。胆汁酸は胆汁の成分の1つで、胆汁酸を含んだ胆汁は肝臓から排泄されて胆のうに蓄えられます。その後、消化物が小腸（十二指腸）を通過する際に、胆のうから十二指腸へ押し出されます。胆汁は食物の消化を助ける消化液としての働き、特に胆汁酸は消化物中に含まれる脂肪分を溶かす〝せっけん〟として作用（乳化）して、小腸での脂肪の吸収を高めます。

［2］胆汁排泄を高めるタウリン

胆汁には、胆汁酸のほかに、コレステロールやビリルビン（胆汁色素）など、生体で不用となった物質を肝臓から腸～大便に捨てる役割があります。そのため、

＊抱合
主に肝臓で代謝された疎水性の生体内の代謝物質（ホルモンや胆汁酸、ビリルビンなど）や、生体外由来の物質（薬物や異物など）に、タウリンなどの親水性の物質（グリシンや硫酸、グルクロン酸など）を付加する反応のこと。抱合された親和性物質が外れることを、脱抱合という。

＊乳化
互いに溶け合わない液体（たとえば、水と油）に界面活性剤（洗剤）を加えたり、激しく撹拌したりする事で、一方を他方に分散させ乳濁液状態にすること。胆汁酸は、脂肪分が腸で消化される際の洗剤の役割を果たす。

胆汁の排泄を高めると、コレステロールの低下にも繋がります。また、胆汁中に含まれるビリルビンは赤血球のヘモグロビン（血色素）の分解物で、胆汁の黄緑色や大便の色はビリルビンの黄色い色素によるものです。胆汁酸は水に溶けにくい性質を持ち、そのままの形では胆汁へうまく溶け込むことができません。胆汁が肝臓から排泄されにくくなる胆汁うっ滞の状態になるとビリルビンの排泄も滞って、血液中のビリルビン濃度が高まり（高ビリルビン血症）、黄疸がでてきます。胆汁がうっ滞すると、肝臓内に胆汁酸も停滞してしまい、水に溶けにくい胆汁酸は肝毒性が強く、肝障害を引き起こしてしまいます。

タウリンは水に溶けやすいので、胆汁酸に抱合することで胆汁酸の親水性を高めます。タウリンが抱合した胆汁酸は胆汁中に溶けやすくなるので、タウリンには脂溶性の胆汁酸が持つ細胞傷害性を和らげることで肝障害を防ぐ効果があります。また胆汁酸の胆汁への溶解度が高まると、肝臓から胆汁が排泄されやすくなります。そのためタウリンには、胆汁酸への抱合作用を介した胆汁うっ滞を改善する効果が認められており、日本では、タウリンが高ビリルビン血症の改善薬として処方されています。

〔3〕肝臓と腸をグルグルまわるタウリン

タウリンは胆汁酸に抱合することで、肝臓と腸をグルグルまわっています（腸肝循環）。タウリンが抱合した胆汁酸を、タウリン抱合型胆汁酸と呼びます。胆汁とともに小腸の上流（十二指腸）へ排泄されたタウリン抱合型胆汁酸は、小腸の下流（主に回腸末端部）で再び吸収されます。吸収されたタウリン抱合型胆汁酸は腸と肝臓をつなぐ血管（門脈）から肝臓に運ばれ、その後また胆汁の一部として肝臓から胆のうへ、胆のうから小腸へ排泄されます。胆汁酸の約９０％が小腸で吸収されますが、その残りは大腸へ運ばれます。タウリン抱合型胆汁酸の一部も同様に大腸へ運ばれて、大腸内の腸内細菌の働きによって、胆汁酸からタウリンの抱合が外されます（脱抱合）。その後、胆汁酸はさらに腸内細菌によって違った形の胆汁酸（二次胆汁酸）に代謝され大腸で吸収された後、肝臓に運ばれます。肝臓ではこの二次胆汁酸にもタウリンが抱合します。胆汁酸の約９８％が、肝臓と腸を腸管循環し、タウリンは胆汁酸に抱合して、肝臓と腸をグルグル回りながら肝臓での胆汁排泄と小腸での脂肪の消化・吸収を助けています。

（４）動物で様々なタウリンの抱合

タウリンと胆汁酸との抱合は発達や成長に伴って、あるいは動物によって異なります。胆汁酸には、タウリン抱合のほかにアミノ酸のグリシンも抱合し（グリシン抱合型胆汁酸）、胆汁中への溶解、小腸への排泄、大腸での脱抱合など、タウリン抱合型胆汁酸とほぼ同じ振る舞いをします。成人では胆汁酸の約８０％が、タウリンかグリシンに抱合しています。タウリンとグリシンの胆汁酸抱合の割合

は、人間ではグリシン抱合が約3倍多く、一方、ラットではタウリン抱合の方が約10倍多く、人間と動物では大きく違います。またネコやイヌ、マウス、ニワトリではタウリン抱合の方が多く、一方ウサギ、ブタ、モルモットなどではグリシン抱合が多く、動物間でも違いがあります。この割合の違いは、肝臓中のタウリンとグリシンの濃度バランス、肝臓でのタウリン合成能力、抱合に関わる酵素の働きや形、盲腸の発達具合などによる腸内細菌叢の違いが考えられますが、未だ謎とされています。

（5）タウリンを食べると高まる胆汁酸抱合

タウリン抱合型とグリシン抱合型の割合は、通常の食事によっては変化しません。しかしグリシンを大量摂取しても胆汁酸抱合の割合は変化しませんが、タウリンを大量摂取するとタウリン抱合型が増えます。これは、小腸でのタウリン抱合型（能動輸送）とグリシン抱合型（受動輸送）の胆汁酸の取り込み方の違いが理由と考えられています。またタウリン抱合胆汁酸の量が減ると、その代わりに必ずしもグリシン抱合型胆汁酸が増えるとは限りません。実験的に体内のタウリンの量を減らすと、タウリン抱合胆汁酸が減って、グリシン抱合型が増え

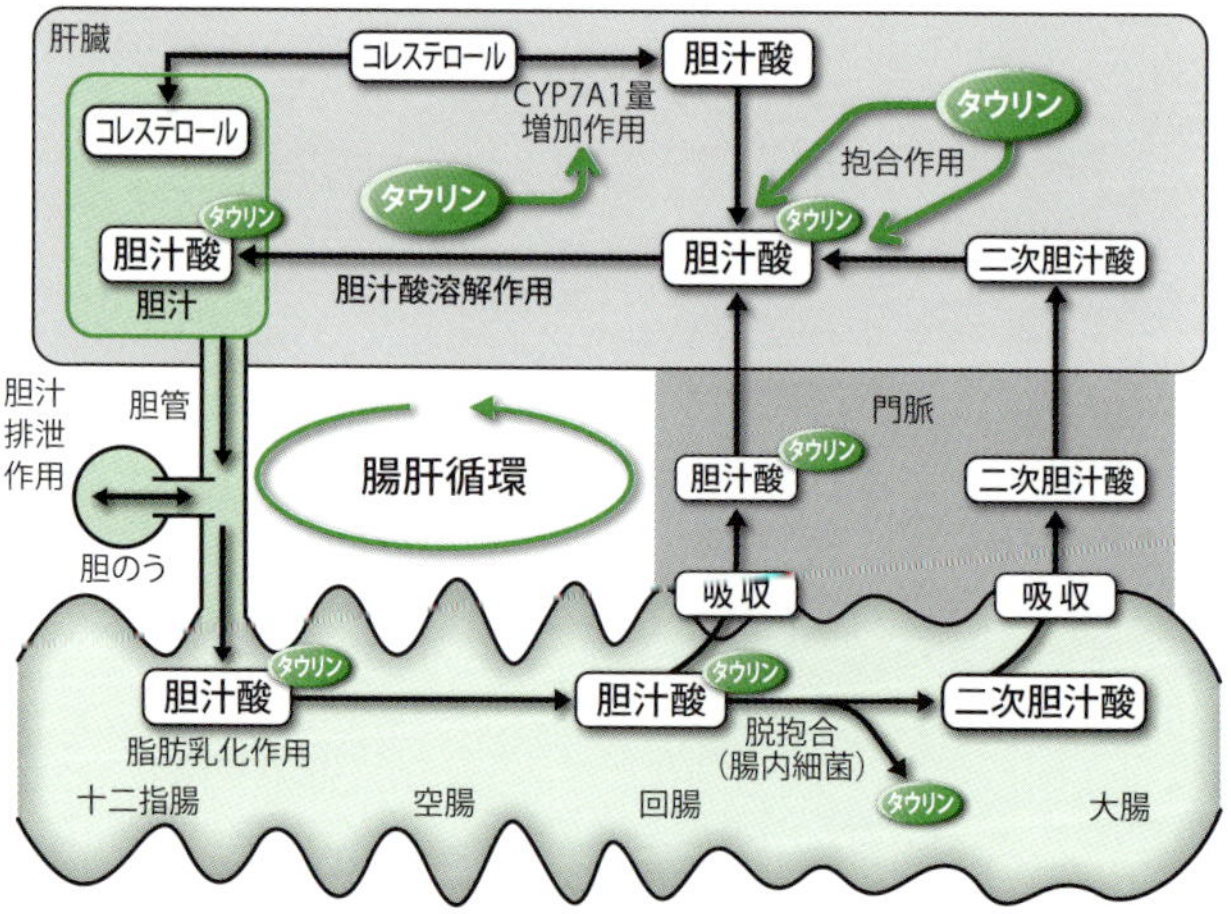

図3－18　コレステロール・胆汁酸の代謝に関わるタウリンの作用

コラム❹ 胆汁酸の新たな働き

胆汁酸は、肝臓でコレステロールから作られる胆汁の成分です。古くから漢方薬として知られている熊の胆のう（熊胆）には、利胆作用（胆汁分泌促進）や消炎作用などがあり、熊胆に多く含まれる胆汁酸（ウルソデオキシコール酸）の薬理作用によるものとされています。胆汁酸の主な薬理作用は、小腸での脂肪分の消化と吸収の促進と、胆石の予防と改善です。胆のうに蓄えられた胆汁は食べた物が小腸上部を通過する際に、小腸に分泌されます。小腸ではたくさんの胆汁酸が、水に溶けにくい部分を外側に、油に溶けやすい部分を内側にして脂肪分を取り囲みます。この水に溶けやすい塊(ミセル化)にすることで、脂肪の消化と吸収を助けています。同様に、胆汁酸は、胆汁に溶けないコレステロールも取り囲んでミセル化し、胆汁中に溶けやすくしてコレステロールの排泄を促します。さらに胆汁酸には、結晶化したコレステロールを溶解する作用もあり、胆石の治療にも利用されてきました。

これらの古くから知られている作用に加えて、近年、胆汁酸の新たな機能が次々と発見され、脚光を浴びています。胆汁酸は細胞の中に入り込んで、遺伝子を調節するスイッチ（核内受容体）と結合して、様々な体の化学反応を調節する働きをもっていることがわかりました。特に肝臓の脂質調節に関わる遺伝子に作用して、コレステロールの分解や中性脂肪の合成を抑える働きがあります。また小腸に分泌された胆汁酸は、小腸細胞の遺伝子にも作用して、肝臓の脂肪代謝を調節する成長因子の分泌を促す働きがあります。さらに血液中の胆汁酸が、褐色脂肪細胞や筋肉細胞の甲状腺ホルモンの活性化にも作用して、基礎代謝を高める機能も発見されています。

ずに遊離胆汁酸（非抱合型）が増えます。遊離胆汁酸が増えると、肝臓が傷害されやすくなるので肝臓の疾患につながります。タウリンを摂取するとタウリン抱合型胆汁酸が増え、遊離胆汁酸を減らすためにコレステロールの減少や胆汁の排泄などが促進されることから、肝臓病の予防につなげられます。

　また胎児や新生児では成人よりも胆汁酸の抱合率が高く約９０％が抱合型胆汁酸で、主にタウリンを抱合しています。その理由は胎児や新生児では人間でもタウリンの合成能が高いこと、また、初乳にはタウリンが豊富に含まれていることが関係していると思われます。生後は母乳の変化や摂取するミルク、腸内細菌の変化などが影響し、徐々にグリシンの抱合が増えて生後1ヶ月頃までには、ほぼ成人と同じ比率になります。タウリンは発生や発育に深く関係していると考えられていますが、胆汁酸の抱合を通して、肝臓と消化の機能の発達にも関係していると思われます。

5. 脳とタウリン

(1) はじめに

　私たちの脳には無数の神経細胞が存在しており、この神経細胞の結びつきによってさまざまな情報が伝達されます。神経細胞はニューロン、細胞と細胞をつなぐ部位はシナプスと呼ばれています。シナプスで結ばれたニューロンネットワーク上を神経伝達物質を介して、電気信号が次から次へと送られることにより、情報が伝えられていきます。代表的な神経伝達物質として、グルタミン酸、ＧＡＢＡ（ギャバ：γ—アミノ酪酸）、ドーパミン、セロトニンなどがあり、グルタミン酸のように促進的に働き興奮を引き起こすもの（興奮性神経伝達物質）と、ＧＡＢＡのように興奮を抑え抑制的に働くもの（抑制性神経伝達物質）に分けられます。脳におけるタウリンの主要な３つの作用のうちの１つが、抑制性の神経伝達物質と類似した働きです。他の２つは浸透圧調節物質として細胞の大きさを一定に保つ働きと、脳のタンパク質の形、機能、場所を変える働きです。ここでは、脳におけるこれらのタウリンの作用について紹介していきます。

（２）からだと細胞の水分量をととのえるタウリン

〔１〕のどの渇きと尿の量に関わる

第１章で述べられているように、海で誕生した生物が海水の塩の浸透圧から生体を守るためにタウリンを利用していた可能性から、浸透圧調節作用はタウリンの最も重要な作用の１つと考えられています。タウリンは脳においても、神経細胞（ニューロン）を健康な状態に保つための重要な働きを担っていることがわかっています。たとえば、われわれが「のどが渇いた」と感じるのは、体の浸透圧が高くなり水分を要求しているからです。この情報は脳の視床下部にあるセンサーに伝えられ、これを受けて尿の排泄を抑えるバゾプレッシン（抗利尿ホルモン）がつくられます。脳から放出されたバゾプレッシンは腎臓に作用して尿量を減らし、水分を体に貯めようとします（図3―19）。一方で「のどが渇いた」という気分にさせて水を飲むように仕向けます。つまり、浸透圧が上がれば水が欲しくなり（尿量を減らし）、下がれば水を欲しくなくなる（尿量が増える）というようにコントロールしています。この反応にタウリンが関わっています。

〔2〕神経細胞の膨らみすぎと縮みすぎを防ぐ

脳卒中のような虚血（血の流れが途絶えて神経細胞に酸素やエネルギー源としてのブドウ糖が届かない）の状態になると神経細胞が死に至ることが知られています。細胞死にはネクローシスと呼ばれる細胞死とアポトーシスという細胞死の2種類があります。最初に起こるのはネクローシスで、細胞が膨らみ最後は破裂して死んでしまいます。死んだ細胞からは細胞内容物が放出され、周囲の組織に炎症が引き起こされます。ネクローシスでは細胞の代謝が弱まることで細胞内外の浸透圧の差が生じた結果、細胞内に水が入ってきて細胞が膨らみます（第1章「タウリンは生命の誕生・進化と密接に関連した物質であった」参照）。この時、細胞内にタウリンが存在すると、容積感受性陰イオンチャネルと呼ばれる細胞膜にあるイオンの通り道を通ってタウリンが細胞外に出て、細胞が膨らみすぎて破裂するのを防ごうとします。アポトーシスは「プログラム細胞死」あるいは「細

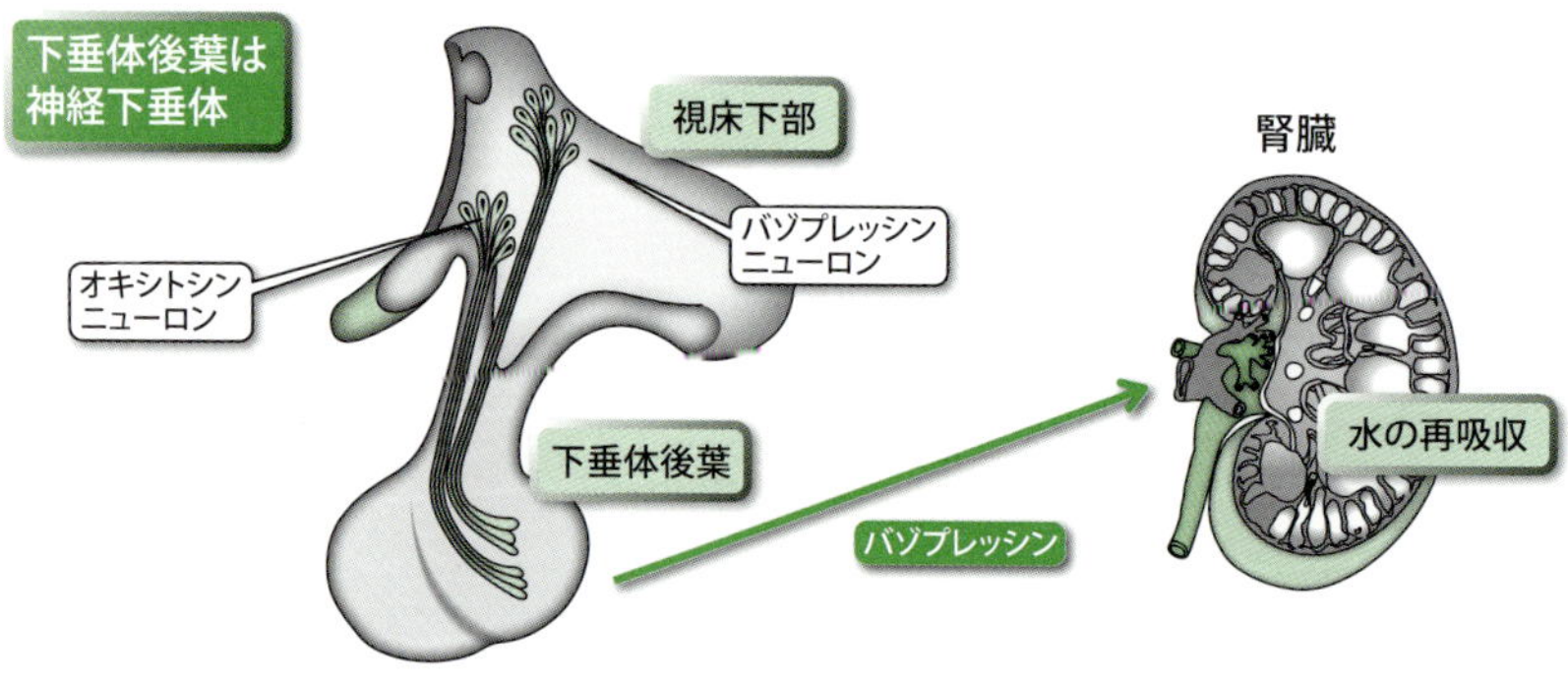

図3－19　視床下部のバゾプレッシンによる体液量調節

胞の自殺」と呼ばれ、ネクローシスとは逆に細胞が縮み、細胞の大事なＤＮＡも規則的に切断されて死んでいきます。こちらは細胞の内容物が露出せず、炎症反応は起きません。アポトーシスとは、もはや生きのびることが不可能になった細胞が、破裂してほかの細胞に迷惑をかけないように静かに死んでいく過程といえます。この時にも、塩素などの陰イオンとともに同じ通り道をたどって細胞外にタウリンが出るのではないかと考えられています。

ところで、この細胞容積の変化は水とともに陰イオンなどが細胞膜を挟んで行き来することによるのですが、これには2通りの通路があって、１つはイオンの通り道である孔をもったチャンネルという膜を貫通するタンパク質で、もう1つがイオン輸送体といわれるやはり膜を貫通して存在するタンパク質です。細胞が膨らむことで開くことが知られる容積感受性陰イオンチャネルの孔をタウリンが通って細胞の容積を調節することはすでに述べましたが、実はタウリンはイオン輸送体とも深く関わっています。塩素イオンの輸送体の働きを調節するリン酸化酵素の働きをタウリンが活性化するのです。つまり、タウリンは自身が浸透圧調節物質として働くだけでなく、同じく浸透圧調節に関わる塩素イオンやナトリウムイオンの輸送体の機能を変化させて、二重に細胞容積の調節ができる優れものなのです。

動物実験などからタウリンが脳虚血のダメージを低下させる働きがあることが

わかっていますが、ここで述べた以外にも抗酸化作用や後で述べるＧＡＢＡやグリシン受容体への作用、グルタミン酸の興奮毒性によるアポトーシスの抑制なども含めた複数のメカニズムが関係しているものと思われます。

（3）発達期の脳の特徴を形づくるタウリン

〔1〕神経細胞内の塩素イオン濃度が高いのはなぜ？

私たちの脳が正常に働くためには興奮性の神経伝達物質と抑制性の神経伝達物質がバランスよく働くことが必要です。脳の２大神経伝達物質は興奮性のグルタミン酸（昆布などに含まれるうま味成分）と抑制性のＧＡＢＡ（ギャバ：ガンマアミノ酪酸といって発芽玄米などに多い）です。グルタミン酸はナトリウムイオンチャネルを開くことでナトリウムイオン（プラスイオン）が流入し、膜を電気的にプラス側に荷電し（興奮）、ＧＡＢＡは塩素イオンチャネルを開くので塩素イオン（マイナスイオン）が流入し、膜を電気的にマイナス側へ傾けます（抑制）。たとえば、全身麻酔で意識がなくなるのは抑制が圧倒的に優位になった状態であり、また、抑制が強すぎるとうつ状態のようになることが知られています。逆に抑制が弱くなって興奮が過剰になるとてんかんのようなけいれんを起こします。また自閉症や統合失調症など、脳が発達する過程で起こったなんらかの異常によって起こるさまざまな脳の病気でも、ＧＡＢＡがうまく働かないことが最近わかり注目されています。

このようにナトリウムイオンや塩素イオンは浸透圧のほか、細胞膜の電位の変化にも重要な働きをしますが、その塩素イオンの分布を決める重要なタンパク質に、細胞内から細胞外へ塩素イオンを運ぶイオン輸送体であるＫＣＣ２と、逆に細胞外から細胞内に塩素イオンを運ぶＮＫＣＣ１があります（図３―２０）。ＧＡＢＡが塩素イオンの流入によるマイナス作用によって抑制機能を発揮するためには、細胞内の塩素イオンが細胞外の塩素イオン（０・９％食塩水に相当。われわれの祖先が海から陸に上がったころの海水に近い）よりもかなり低くなければならないので、ＫＣＣ２がＮＫＣＣ１より強く働くことが必要です。これによって、ＧＡＢＡ作用が本来の抑制に働くことができるのです。

ところが面白いことに大人になった脳と違って、発達初期の脳の神経細胞ではＮＫＣＣ１がＫＣＣ２より優位に働いていて、塩素イオンを細胞内にため込むので細胞内の塩素イオン濃度が大人の数倍から１０倍ほどもあり、ＧＡＢＡが受容体にくっつくと塩素イオンは通常（成熟後）とは逆に細胞外に流出して、膜を電気的にプラスに荷電します（図３―２０）。つまりＧＡＢＡは成熟後とは逆の働きをするのですが、実は神経細胞の発生、神経細胞の移動、シナプスの形成など、脳の発達に必須の様々な現象に、このＧＡＢＡのプラス作用が重要な役割を果たしていることがわかってきたのです。やがて成熟と共にＫＣＣ

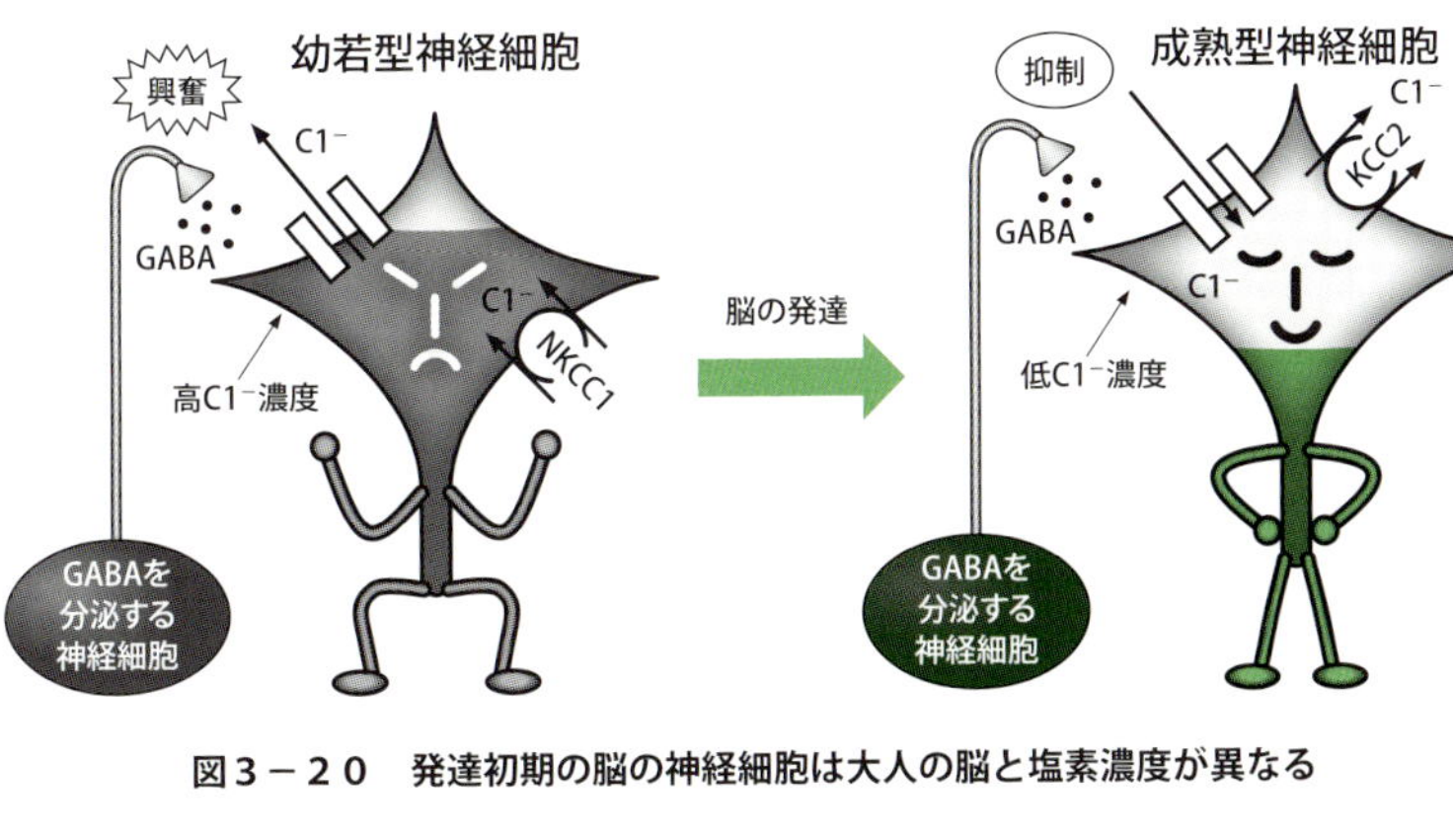

図３－２０　発達初期の脳の神経細胞は大人の脳と塩素濃度が異なる

2が増えてきて、逆にNKCC1は減ってくるので細胞内の塩素イオン濃度はだんだんと低下し、GABAもやがてマイナスに働くようになってきます（図3—20）。

〔2〕タウリンは神経細胞内で塩素イオンを高くしている

発達期ではGABAがプラスに作用するというほかに、それがシナプス（神経細胞と神経細胞のつなぎ目）とは無関係に起こるという特徴があります。つまり、神経伝達物質としての働きというよりも、細胞周囲に漂うGABAによる持続性の受容体活性化が存在します。そしてタウリンはこのGABA受容体に作用するのですが、胎児の脳ではGABAよりもタウリンのほうが圧倒的に多く存在します。このタウリンが細胞外に漂うという状況は、まさに生命（細胞）が誕生した海の状態に似ています。このような未熟な状態、特に羊水という海に浸かった胎児や、母乳を唯一の栄養源とする新生児では羊水や臍帯血中のタウリン濃度は母親の濃度より高いことが知られています。ところが不思議なことに、胎児や新生児のタウリン合成能は極めて低いのです。どういうことかというと、胎盤にタウリンの輸送体があり、積極的に母体から胎児へタウリンを供給しているということなのです。さらに胎児・新生児においてはタウリンは特に脳で濃度が高く、肝臓、心臓などの他臓器に比べて数倍もあります。つまり、胎児脳にはタウリン輸送体による濃縮機構が存在します。胎児脳のタウリンは母体血から胎盤経由で供給され、生後はタウリンを大量に含む母乳から新生児に供給され、さらに脳に集められ、成体に比べて濃度は数倍から１０倍も高いのです。ヒトはげっ歯類に比べて胎児・新生児のタウリン合成能が極めて低い動物種なので、もしも母体からの供給が不足するとタウリン欠乏が起こるかもしれません。そのため人工乳にもタウリンが添加されているのです。それではタウリンは発達期の脳でいったいどんな働きをしているのでしょうか？

タウリンが脳の発達に必要なことは多くの研究論文で証明されていますが、残念ながらなぜタウリンが必要かといった作用のメカニズムに関してはあまりわかっていません。繰り返しになりますが、母体由来のタウリンが胎盤のタウリン輸送体で胎児血中に取り込まれ、さらに神経細胞のタウリン輸送体で取り込まれた結果、タウリンは成長過程の大脳皮質に最も多く存在しています（図３―２１）。興味深いことに、細胞内に取り込まれたタウリンは、ＫＣＣ２やＮＫＣＣ１をリン酸化するＷＮＫと呼ばれるリン酸化酵素を活性化することがわかりました。ＷＮＫによるリン酸化はＮＫＣＣ１の場合は活性の上昇を、逆にＫＣＣ２の場合は活性の低下をもたらします。言い換えると細胞内のタウリンはＷＮＫの作用を介して細胞内の塩素イオン濃度を未熟型に維持する（ＮＫＣＣ１が働きＫＣＣ２が働かない）ことに寄与しています（図３―２２）。このことからも、タウリンは胎児・新生児の脳の発達にとても重要な働きを持つと考えられます。実際、成長

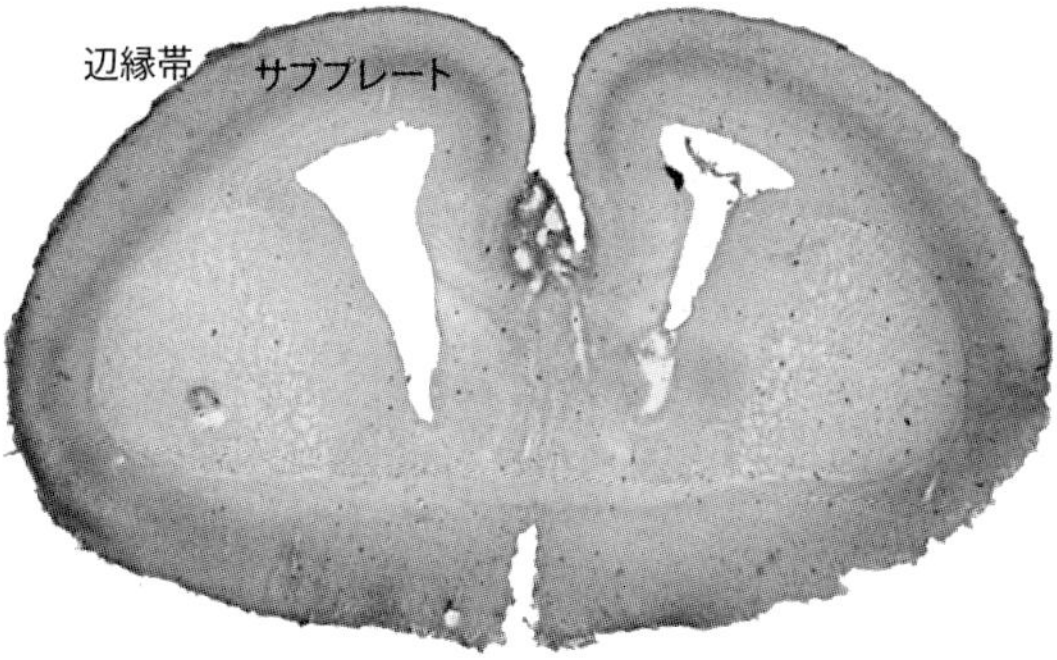

図３－２１　マウス胎仔の脳におけるタウリンの分布

して大人になると脳内のタウリンは急速に減少し、ＷＮＫの活性化もなくなり、塩素イオン濃度も大人型になります。その結果、シナプスで放出されるＧＡＢＡは塩素イオンの流入を起こして膜電位にマイナス作用を持つようになり、ようやく抑制性神経伝達物質としての作用を持つようになるのです（図３—２２）。

（4）タウリンは神経細胞の外にも漂っている

〔1〕脳の発達に大事な抑制性神経伝達物質の受容体に作用する

タウリンの働きとしてこれまでお話しした２つはいずれも、細胞の内に入って働くものでしたが、細胞内のタウリンは細胞外に放出されて細胞の周囲にも漂っています。その濃度はたいへん高く数ミリモルにも達し、胎児の脳では最も多い遊離型アミノ酸のひとつです。では何のために細胞外を漂っているのでしょうか？タウリンの化学構造は抑制性神経伝達物質のＧＡＢＡやグリシンの化学構造と似ていることから、ＧＡＢＡやグリシン受容体にくっついて、作用は弱いながらもＧＡＢＡやグリシンの代わりに働くことも考えられます。ただし大きな違いは、ＧＡＢＡやグリシンがシナプス部位において伝達物質として放出されるのに対し、タウリンは細胞外に漂っていて、それらの作用を修飾していると

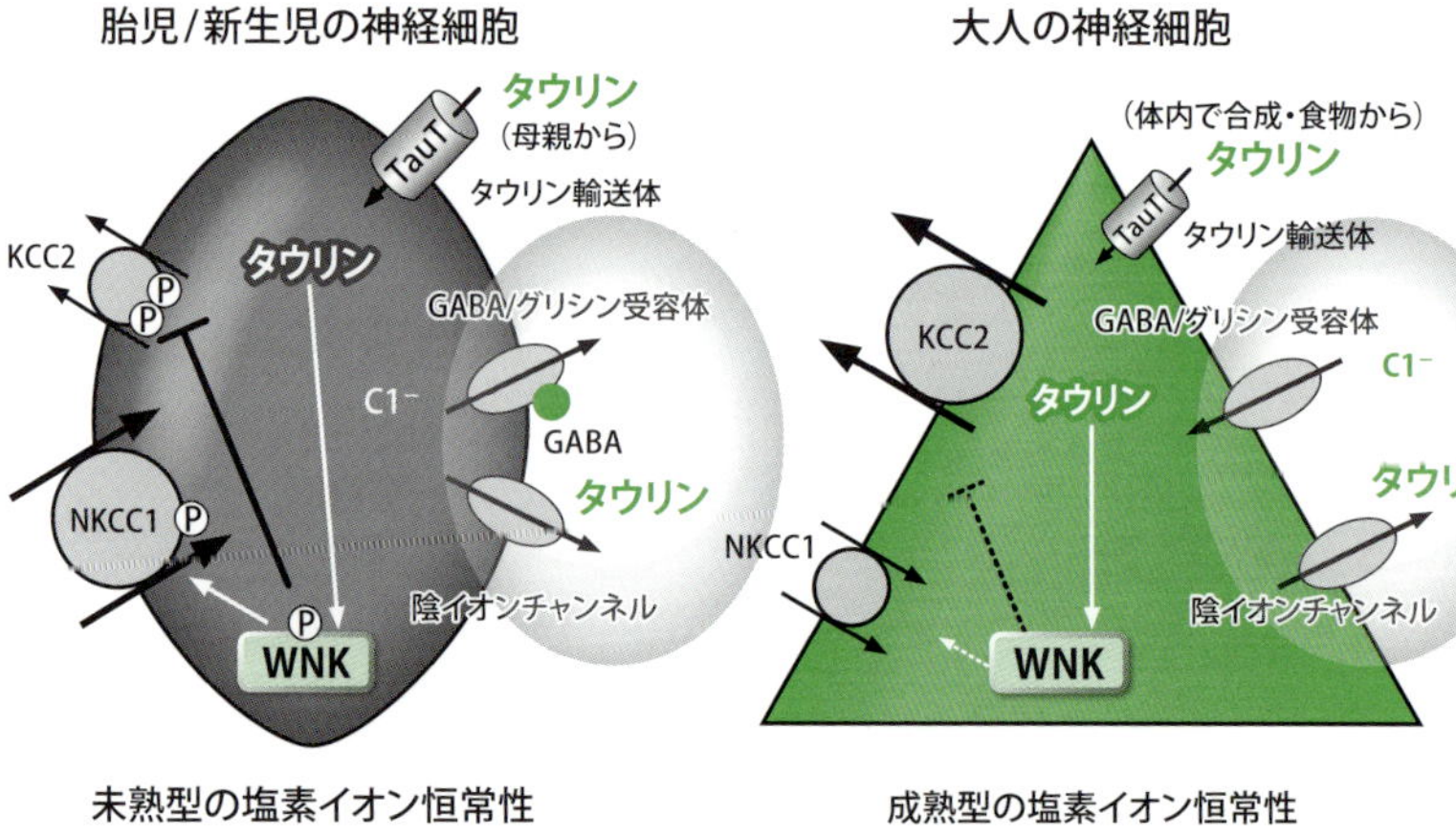

図３－２２　母親由来のタウリンは未熟型の塩素イオン恒常性を維持

いうことです。いずれも動物実験での結果ですが、母体由来のタウリンが胎盤のタウリン輸送体で取り込まれて、胎仔の大脳皮質（図3―21）で細胞外の濃度勾配を形成しています。つまり、細胞外のタウリンも多い部分と少ない部分があるのです。細胞外にはＧＡＢＡもあるのですが、タウリンは約1000倍もの濃度で存在するために、おそらくは、主にタウリンがＧＡＢＡ受容体に持続的に作用しているようです（図3―22）。

私たちの脳は、胎生期に脳室帯や線条体原基と言われるところで神経幹細胞から生まれ、それらの神経細胞が適切な場所に移動して形成されます。培養細胞での実験ですが、神経幹細胞からの神経細胞の発生がタウリンを添加することで増えることが知られています。また、大脳皮質の主要な細胞は脳室帯で生まれて胎生期の大脳皮質を脳表面に向かって移動して大脳皮質を構築するのですが、実験的に胎仔の脳でタウリンが不足するモデルを作ってみると細胞移動のスピードが速くなりました。つまり、タウリンが細胞の移動に対してブレーキ役を担っていることがわかり、このタウリンの作用はＧＡＢＡ受容体を介したものでした（図3―23）。実験的に子宮内発育遅延を起こさせたラットでは脳の微細な構造の異常が現れるのですが、母マウスにタウリンを持続的に与えておくと、仔ラットの脳構造の異常が改善されることからも、タウリンが胎生期の脳発達に影響をもつことは間違いありません。

そのほか、眼の網膜にある光を感じる細胞の発達にタウリンが必要なことも知られています。タウリンはグリシン受容体とGABA受容体の両方に働きますが、主にグリシン受容体に作用して光受容細胞の発生を増やします。また、タウリンは網膜のミューラー細胞という細胞から放出されて、網膜細胞がさまざまなストレスで障害を受けるのを防いでいます。これは、主には浸透圧調節物質として浸透圧ストレスに対して防護的に働くことによりますが、その他にもグリシン受容体やGABA受容体を介した作用や、紫外線障害で発生する活性酸素に対する抗酸化作用なども関係していると考えられています。

〔2〕大人の脳でも抑制性神経伝達物質受容体に作用する

タウリンはグリシン受容体やGABA受容体にグリシンやGABAよりも弱いながらも作用することはすでに述べましたが、言い換えると、かなりの高濃度でしか作用しませんので、シナプス伝達の直接的な担い手（神経

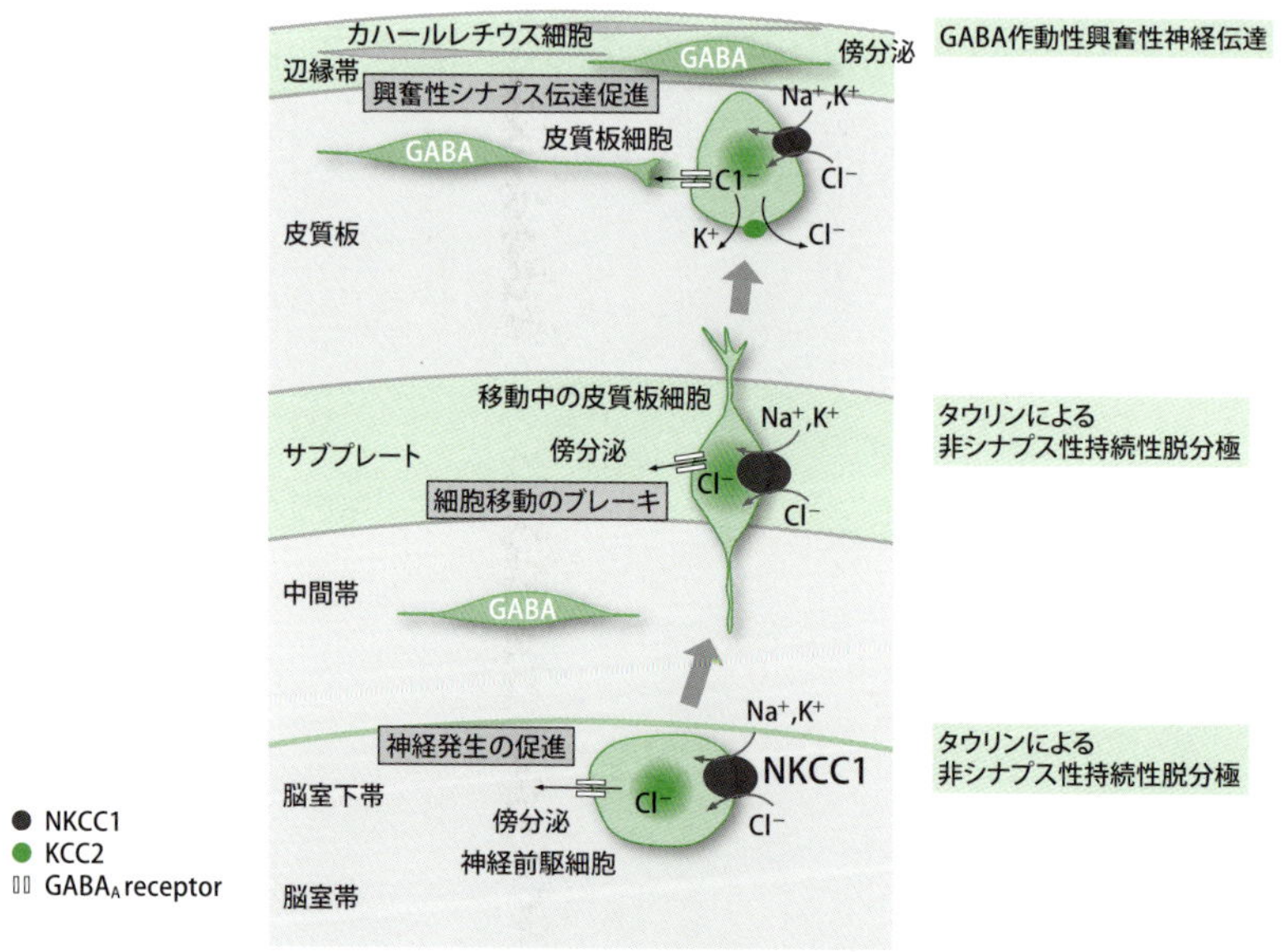

図３－２３　大脳皮質発達におけるタウリンの作用

伝達物質）になることはありません。しかし、より感受性が高く、シナプスから漏れ出たような微量のＧＡＢＡやグリシンにも反応するような「シナプス外受容体」というものも存在していて、どうやらタウリンはこれらの受容体に作用していそうです。たとえば、感覚や運動といった脳の基本的な機能にとても重要な大脳皮質と連絡する視床の神経細胞群や記憶に重要な海馬において、タウリンは神経細胞の興奮性を減らすのですが、これは「シナプス外受容体」を介するものであることがわかりました。つまり、タウリンが内在性の生理活性物質としてシナプス外受容体を介した持続的な抑制をおこし、視床や海馬のネットワーク活動の興奮性のコントロールをしているのかもしれません（図３—２２右）。

以上のタウリンの働きから、てんかん発作などに際して、視床や海馬から大脳皮質へ興奮が伝わったり、大脳皮質の興奮が視床や海馬を介してさらに広範囲の脳に広がる場合などに、タウリンがなんらかの抑制機能を持つと考えられます。実際にてんかんのモデル動物を用いた研究では、発作を誘発する操作を加える前にタウリンを投与しておくと発作は抑えられました。これらのてんかん抑制作用はグリシン受容体を介しています。

タウリンの持つ意外な作用として、耳鳴りや聴覚障害の改善作用があります。ラットでの実験ですが、餌にタウリンを混ぜておくと耳鳴りを減弱し、聴覚の識別能力を上げたとの報告があり、これらの作用も聴覚細胞や聴覚伝導路でのタウ

リンの抑制性神経伝達物質受容体への作用であろうと考えられています。そのほかにも、アルツハイマー病の原因物質とされるアミロイドβを海馬や大脳皮質の神経細胞に投与すると細胞死が起こりますが、タウリンを加えることで細胞死を防ぐことができます。この作用メカニズムの1つとして、ＧＡＢＡ受容体を介した神経興奮の抑制効果があげられています。

(5) まだよくわかっていない脳の病気におけるタウリンの働き

これまで述べてきたようにタウリンの脳での働きは主に成長期に多いのですが、成長してからの働きも多く報告されています。タウリンが胎児の神経細胞の発生にもかかわっているということはすでに述べましたが、実はこの作用は大人の脳でも認められています。もともと大人では新たな神経細胞はできないと言われてきましたが、近年は大人の脳でも一部では新しく神経細胞が生まれていることがわかってきました。これは特に海馬という記憶に関わる部位で多いのですが、脳虚血や重篤なてんかんなどで神経細胞が死んでしまったときにも、死んだ細胞を補充するために新たな神経細胞が生まれてくると考えられています。この大人の脳での神経発生にもタウリンが関与しているようです。老齢マウスではタウリンが減少していますが、タウリンは休眠状態の神経幹細胞を活性化して、神経新生を増やすことがわかりました。なぜこのようなことが起こるのか、まだよくわかっていませんが、最近タウリンがミトコンドリア機能を回復させることで細胞周期を変えて、神経発生を起こりやすくするのだろうという研究結果もでました。ミトコンドリアとタウリンに関しては、第3章「ミトコンドリアとタウリン」で詳しく解説しますが、ミトコンドリアは「エネルギー生産工場」と言われ、生体の活動に必要なエネルギーであるＡＴＰをつくっている細胞内の小器官です。

記憶・認知機能が低下したマウスでは、ＧＡＢＡによる神経伝達の機能低下が原因の1つとしてあるのですが、タウリンを餌に加えることでＧＡＢＡ機能の低下が抑えられ、学習能力が回復したとの報告があります。またマウスを用いた行動実験ではタウリンを餌に加えることで、抑うつ的な行動が減ることもわかりました。強制的にマウスを水に入れて泳がせて、マウスがうつ状態になるようにすると血漿中のタウリン濃度が上がりますが、これはうつ状態に対抗しようとする生体反応なのかもしれません。さらに、脳内のタウリンは食欲にも影響を与えるという研究結果もあります。食欲の異常は肥満だけでなく、栄養失調とも関連しています。高脂肪食を与えたラットの餌にタウリンを加えると肥満と耐糖能異常に改善効果が見られ、これはタウリンが脳の視床下部という部位に対するインスリンの作用を強化したためと考えられています。インスリンは脳では食欲を抑制する方向に働きます。また、脂肪細胞から分泌されるレプチンという物質は脳に作用して食欲を抑制しますが、低タンパク食によって引き起こされるレプチンの

作用の低下に対して、タウリンが改善するという報告もあります。つまり、レプチンの作用低下による食欲の亢進や過食をタウリンが改善したということです。このように、タウリンは大人の脳においてもさまざまな作用を持ち、神経細胞の機能維持や正常な食欲のコントロールに関係していると考えられます。

（6）まとめ

乳児にタウリンが移行するため、授乳中の母体ではタウリンが減少します。また、子宮内発育遅延の子供ではタウリン濃度が低くなり、母体には子に渡せずに残ってしまったタウリンが増加することがわかっています。まさに母から子への命の受け渡しにタウリンが使われているかのようですね。タウリン輸送体というタウリンの運び屋は胎盤だけでなく脳にも多く存在して、必要な量のタウリンを発達期の脳に届けています。したがって、タウリン輸送体に異常があると胎児のタウリンが不足して、子宮内発育遅延や脳の発達障害を起こしてしまうと考えられます。最近の注目は、統合失調症や自閉症のリスクに胎内環境の影響が強いと結論されたことです。母体の低栄養や高血圧との関係も疑われていますので、タウリンの研究はこれらの病気を予防する手立てを見つけるのに役立つかも知れません。

6. ミトコンドリアとタウリン（ミトコンドリア病の改善薬としてのタウリン）

(1) ミトコンドリアの働き

ミトコンドリアは、すべての生命活動に必要なエネルギーの素を合成する細胞内器官です。ミトコンドリアは常に新しく作られ、ミトコンドリアの中で絶えず新しいタンパク質が合成されています。そこで、このタンパク質合成になんらかの異常が生じてしまうと重い病気になってしまいます。タンパク質合成に必要な成分に２２種類の転移ＲＮＡ（英語では、transfer RNA なので、これからはｔＲＮＡと呼びます。）がありますが、その中の5種類にはタウリンが結合していて、そのタウリンの結合がミトコンドリア内のタンパク質合成に必要であることがわかりました。ミトコンドリア病の１つメラス（ＭＥＬＡＳ、mitochondrial myopathy, encephalopathy, lactic acidosis, and stroke-like episodes）では、ミトコンドリア遺伝子の一塩基が変化することにより、１つのｔＲＮＡへタウリン結合ができなくなります。その結果、ミトコンドリアタンパク質の合成が正常にできなくなり、ミトコンドリアのエネルギー代謝が著しく低下します。私たちは多量のタウリンを飲むことにより、メラス患者でミトコンドリア機能が改善し、症状が改善することを見いだしました。タウリンがミトコンドリア病の改善薬として認められようとしています。

〔1〕ミトコンドリアはエネルギー生産工場

ミトコンドリアは、細胞の中でエネルギーを産生する化学プラントの役割を果たしている小器官です。ミトコンドリアはミドリムシのような形をしていると誤解されがちですが、実際は細胞全体を覆うような糸状です（図3―24）。食物から摂取したアミノ酸、グルコースなどの糖、脂肪酸を原料にして、酸素を使って、エネルギーの素であるアデノシン三リン酸（ATP）を合成します。私たちの体の中で最も多く合成されるのがATPです。ATPは、リサイクリングされ、体内では一日で50kg以上は合成されます。また、ATPは少なくとも地球上のすべての生物で共通のエネルギーの素です。

自動車が走るにもエネルギーが必要ですし、部屋を温めるのにもエネルギーが必要ですし、コンピュターが作動するのもエネルギーが必要です。私たちが、体を動かしたり、温めたり、考えたり、余計な物質を排除したりするにもエネルギーが必要です。つまり、エネルギーの素を作り出し、エネルギーを使うことが生きているということです。このATPの90％以上は、ミトコンドリアで合成されます。

ミトコンドリアの機能はエネルギー代謝が主であることには間違いないのですが、その他に多くの機能があります。そのため、老化や生活習慣病との関係が注目されています。

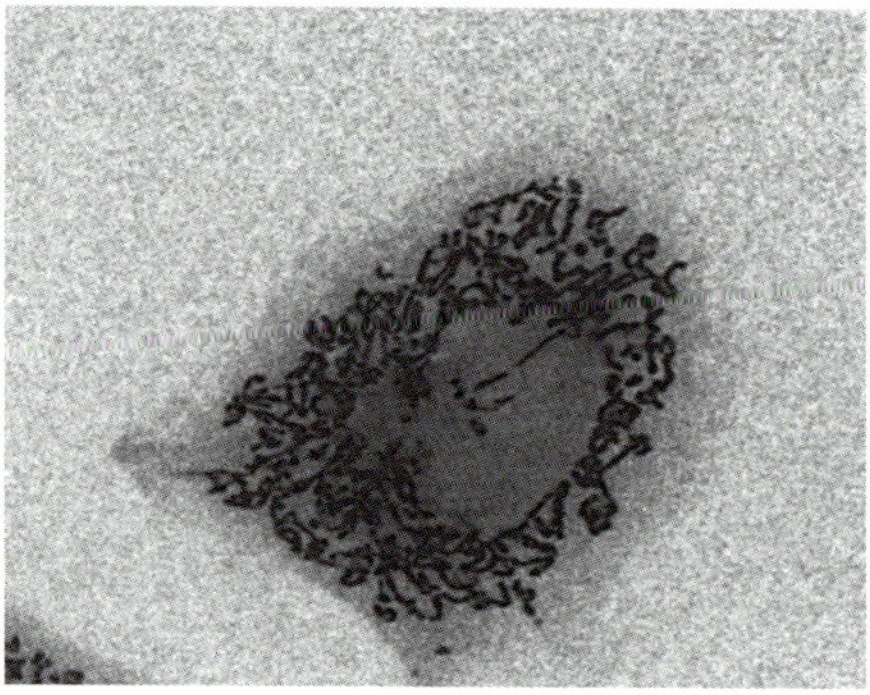

図3－24　正常なミトコンドリア形態

〔2〕ミトコンドリアには遺伝子がある

遺伝子は細胞の中の核という部分に保管されて、必要に応じて遺伝子の情報を引き出します。それだけではなく、ミトコンドリアの中にも遺伝子があります。その長さは核の遺伝子に比べると、20万分の1という短い長さです。また、核の遺伝子は両端がある糸のようなものですが、ミトコンドリアの遺伝子は丸くつながった環状です。その他に、ミトコンドリア遺伝子には核の遺伝子とは異なる性質がたくさんあります。

ミトコンドリアの祖先は独立したバクテリアであったことは、様々な研究によりほとんど確実になっています。16~20億年前に小さな細菌が大きめの古細菌と呼ばれる単細胞生物の中に住み着いて、2つの生物は共生を始めることになりました。この大きな古細菌はメタンを合成するメタン細菌と考えられています。地球上には、メタンハイドレートと呼ばれる氷状のメタンがたくさんあって、エネルギー源として注目されています。このメタンハイドレートは、太古の昔メタン細菌が作り出したものです。ちなみに、地球上の酸素は、シアノバクテリアと呼ばれる藻の仲間が作り出したものです。

この共生生活はすぐに終わり、小さな生物はミトコンドリアとなり、遺伝子の保管庫は核となりました。また、小さな細菌の遺伝子も核におさめられることになりました。そして安全な場所に遺伝子を保管することによって、遺伝子はどん

どん増えだし、遺伝子の長さは１０００倍に増えることができました。つまり、２つの生命体が合体して新しい生物となり、高等生物へ進化することができるようになったのです。

小さな細菌の遺伝子の大部分は安全な核におさめられましたが、ごく一部はミトコンドリア内に残されることになりました。核には両親からひきついだ一対の遺伝子があります。一方ミトコンドリアは細胞の中に数百から数千あり、１つのミトコンドリアには数個のミトコンドリア遺伝子があるので、１つの細胞にはたくさんのミトコンドリア遺伝子があります。また、エネルギー代謝が活発な細胞には多くのミトコンドリアがあるので、多くのミトコンドリア遺伝子があることになります。

〔３〕ミトコンドリア内ではタンパク質合成が行われている。

遺伝子は生命の設計図ですので、遺伝子の情報はタンパク質に伝えられます。ミトコンドリア遺伝子の情報にしたがって、ミトコンドリア内でもタンパク質が合成されます。タンパク質はアミノ酸がつながってできていますので、タンパク質合成とはアミノ酸をつなげていく作用です。アミノ酸をタンパク質合成工場に連れてくる役割を担うのは、ｔＲＮＡと呼ばれる小さなＲＮＡです。ミトコンドリアには２２種類のｔＲＮＡがあります。

ミトコンドリア遺伝子には２２種類のｔＲＮＡ、２種類のリボソームＲＮＡと

13種類のタンパク質の情報があります。ミトコンドリアタンパク質は1000種類もありますが、わずかな種類のタンパク質しか作られません。数は少なくても重要なタンパク質ばかりで、どの1つが欠けても、その1つが働かなくてもミトコンドリアは正常に作られませんし、正常に働くことができません。

〔4〕ミトコンドリアの遺伝子は変化しやすい

先ほど、「核」の中は安全だと話しました。ミトコンドリアの遺伝子がおかれた環境は安全とは言えません。ミトコンドリア内でATPを合成する場合には酸素を使うのですが、その酸素が時に活性酸素という酸化力が強い酸素に変化してしまいます。酸素の1～3％は活性酸素に変化し、それが近くにあるミトコンドリア遺伝子を攻撃するので、核の遺伝子に比べて10～20倍も変化しやすいのです。健常な人でも年をとるにつれ、異常なミトコンドリア遺伝子が増えていきます。

ミトコンドリア遺伝子は細胞の中にたくさんあるので、少数に異常があっても大きな影響はありませんが、異常なミトコンドリア遺伝子が増えたり親から伝わったりすると、大きな影響が生じることになります。

（2）ミトコンドリア病とは

ミトコンドリアに異常があるとエネルギーの素が正常に合成できないので、身

体には様々な異常が生じます。１９８５年くらいにミトコンドリアの異常によって病気が起きることが明らかになってきました。当時は、その原因が全くわかりません。どうも遺伝子の異常らしいことは想像できるのですが、核の遺伝子の変化なのか、ミトコンドリア遺伝子の変化なのかもわかりませんでした。またミトコンドリア遺伝子の変化だとしても、どの部分が変化すれば病気になるのかもわかりませんでした。

ここで、ミトコンドリア病についてもう少し詳しく説明します。

ミトコンドリア機能の異常によって起こる疾患はミトコンドリア病と総称され、エネルギー産生障害による細胞の機能不全がいろいろな臓器に生じます。なかでもエネルギー需要度の高い脳と筋肉が障害されやすいことから、ミトコンドリア脳筋症とも呼ばれます。そのなかでも、メラス（ＭＥＬＡＳ）と呼ばれるミトコンドリア病の１つのグループは最も頻度の高い病気です。低身長、全身の筋萎縮、難聴、糖尿病、頭痛、てんかん発作、乳酸アシドーシスなどいろいろな症状を呈しますが、最も特徴的な症状は反復する脳卒中様発作です（図３—２５）。脳卒中のように突然、言葉がしゃべれなくなったり（失語）、視野の半分が見えなくなったり、手足が麻痺するなどの症状を呈します。こうした脳卒中様発作の再発を繰り返しながら、身体機能や認知機能の障害が増加していきます。脳卒中様発作はメラス患者の生命予後を規定する最も重大な因子です。

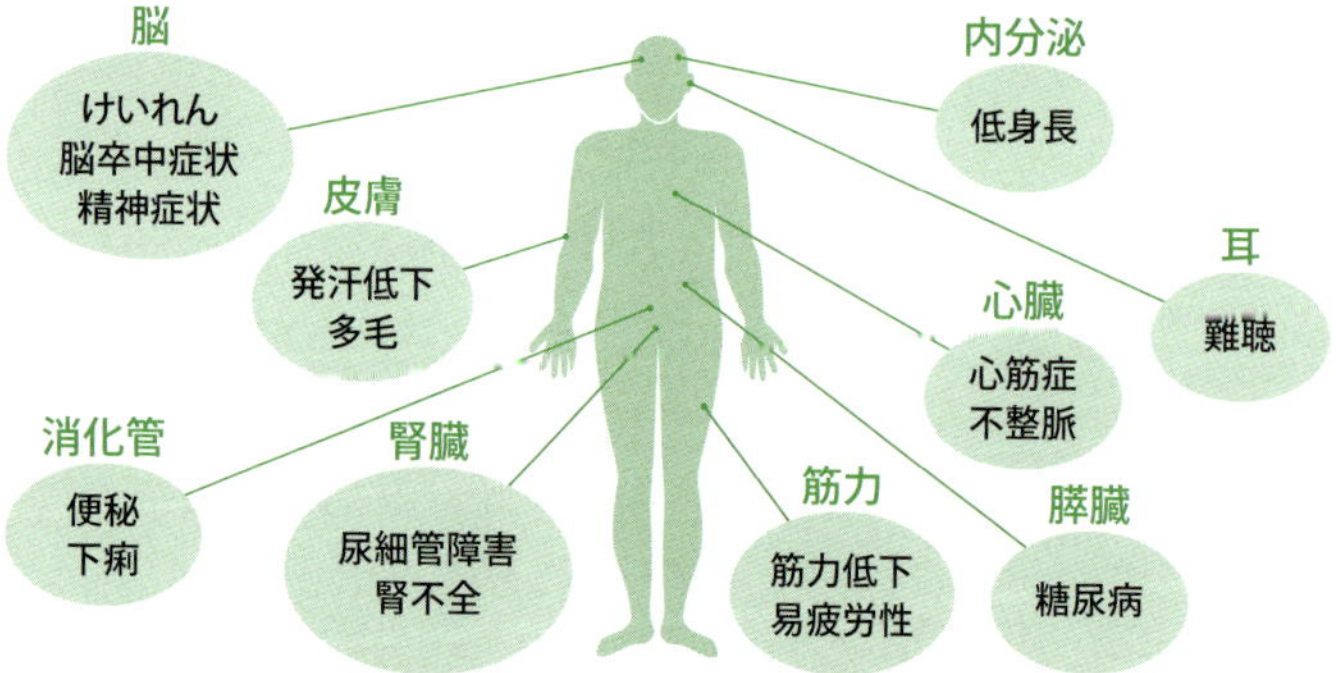

図３－２５　ミトコンドリア病の主な病状

（３）ミトコンドリア病とタウリンの関係

〔１〕ミトコンドリアｔＲＮＡ遺伝子の変化

ミトコンドリア遺伝子は個人差が大きいので、個人差なのか病気の原因なのかを区別するのは難しいと考えられました。実際、１２人のミトコンドリア病の患者の遺伝子を全部調べたけれども何もわからなかったと報告されました。

ミトコンドリア病の患者さんの筋肉に注目すると、ミトコンドリア活性がある筋線維とない筋線維が混在していました（図３―２６）。このためミトコンドリアの活性がある細胞では正常なミトコンドリア遺伝子が多く、ミトコンドリア活性がない細胞では異常なミトコンドリア遺伝子が多いのではないかと推論しました。そこで、ミトコンドリア活性のある細胞とない細胞をそれぞれ培養することにし、成功しました。そして、その2種類の細胞のミトコンドリア遺伝子の全部（全部の塩基配列）を調べて違いがあれば、その違いがミトコンドリア病の原因だと考えました。この2種類の細胞は一人の人から分離されたので、個人差はないはずです。

実際にメラス患者の2種類のミトコンドリア遺伝子を全部調べると、この2種類の細胞のミトコンドリア遺伝子はたった1つの塩基の違いで、ロイシンというアミノ酸を運ぶｔＲＮＡの遺伝子の変化だったのです。ロイシンを運ぶｔＲＮＡは2種類ありますが、変化があったのは、$tRNA^{Leu(UUR)}$と呼ばれるｔＲＮＡです。

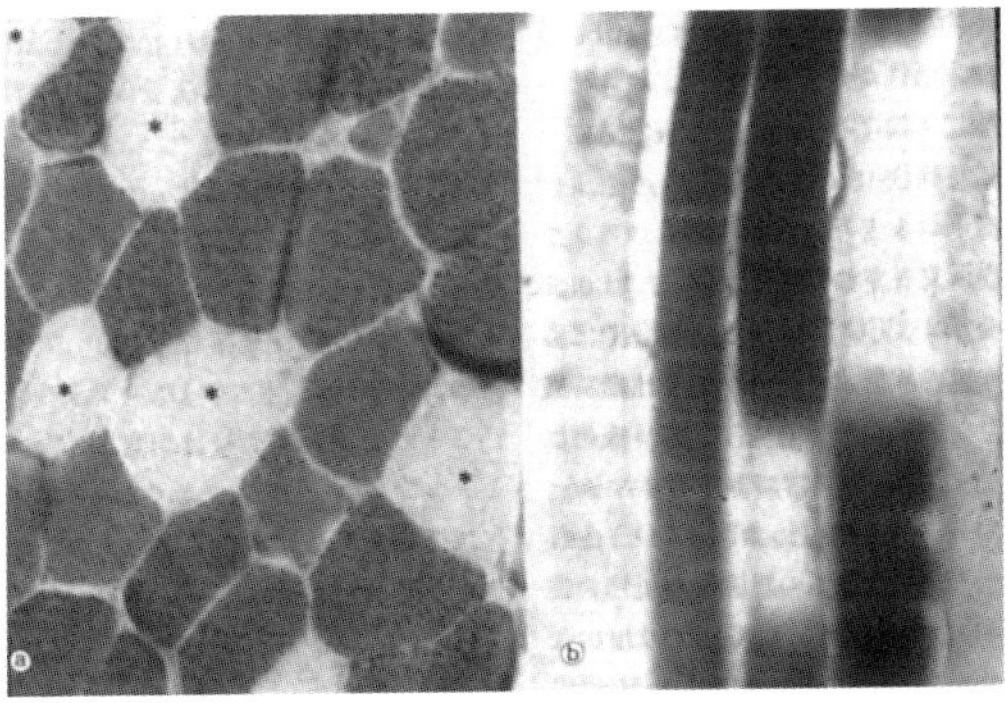

図３－２６　ミトコンドリア活性の部分欠損

こうしてメラスの原因は、ミトコンドリア遺伝子のたった１つの塩基の変化によって引き起こされることがわかったのです。

ミトコンドリア遺伝子は平均的な人では１６、５６８塩基からできており、番号がつけられています。メラス患者の約８０％はミトコンドリア遺伝子の３２４３番目のＡ（アデニン）がＧ（グアニン）に変化する一塩基変異Ａ３２４３Ｇが原因です。

〔２〕ミトコンドリア遺伝子の変異とタウリン

遺伝子の変異が決まると、次の疑問が湧いてきます。ｔＲＮＡ遺伝子に変化があるとなぜ、ミトコンドリアの機能が異常になるのでしょうか？　また、そのメカニズムを解明するのはどうしたらいいのでしょうか？

患者さんから、筋肉をとって原因を究明するわけにはいきません。その原因を突き止めるには大量のミトコンドリアが必要だからです。先ほどミトコンドリア遺伝子を調べた細胞は筋肉細胞から採取した細胞なのですが、この細胞はそんなに増えてくれません。たくさんの量が集められないのです。そこで次のテーマは、異常なミトコンドリア遺伝子をもつ細胞を大量に採取するにはどうしたらいいかということです。詳しい説明は省きますが、増殖能力が高い細胞ＨｅＬａ細胞の核と異常なミトコンドリア遺伝子を持つ人工的な細胞を作り出し、その細胞を大量に増やして細胞からミトコンドリアを分離し、異常なｔＲＮＡを分離することにしました。

一言で「細胞を大量に増やし」と言えば簡単ですが、多額の研究費と膨大な労力を必要としました。幸いなことに、文部科学省から多額の研究費が補助されました。メラスの原因の $\mathrm{tRNA}^{\mathrm{Leu(UUR)}}$ を解析すると、アミノ酸の情報を読み取る部分の塩基に異常があることがわかりました。正常な $\mathrm{tRNA}^{\mathrm{Leu(UUR)}}$ には、何かが結合しているのですが、異常な $\mathrm{tRNA}^{\mathrm{Leu(UUR)}}$ には結合していないことがわかりました。その後、その「何か」がタウリンであることがわかったのです（図３―２７）。また、タウリンが結合していないｔＲＮＡは予想通り正常にタンパク質合成をしてくれないこともわかりました。

ここで、ようやくミトコンドリア病とタウリンの関係が明らかにされたわけです。

〔3〕本当にタウリンがメラスの原因か？

いままでの結果を整理すると、メラス患者ではミトコンドリア遺伝子内の $\mathrm{tRNA}^{\mathrm{Leu(UUR)}}$ 遺伝子の一箇所に変化があって、その結果、$\mathrm{tRNA}^{\mathrm{Leu(UUR)}}$ にはタウリンが結合できなくなって、細胞内でタウリンが結合しない $\mathrm{tRNA}^{\mathrm{Leu(UUR)}}$ が多数を占めるためにタンパク質合成が正常にできなくなるということです。しかし、$\mathrm{tRNA}^{\mathrm{Leu(UUR)}}$ の変化した領域とタウリンが結合する部分は離れています。こんなに離れているところから、タウリンの結合を遠隔操作するのでしょうか？

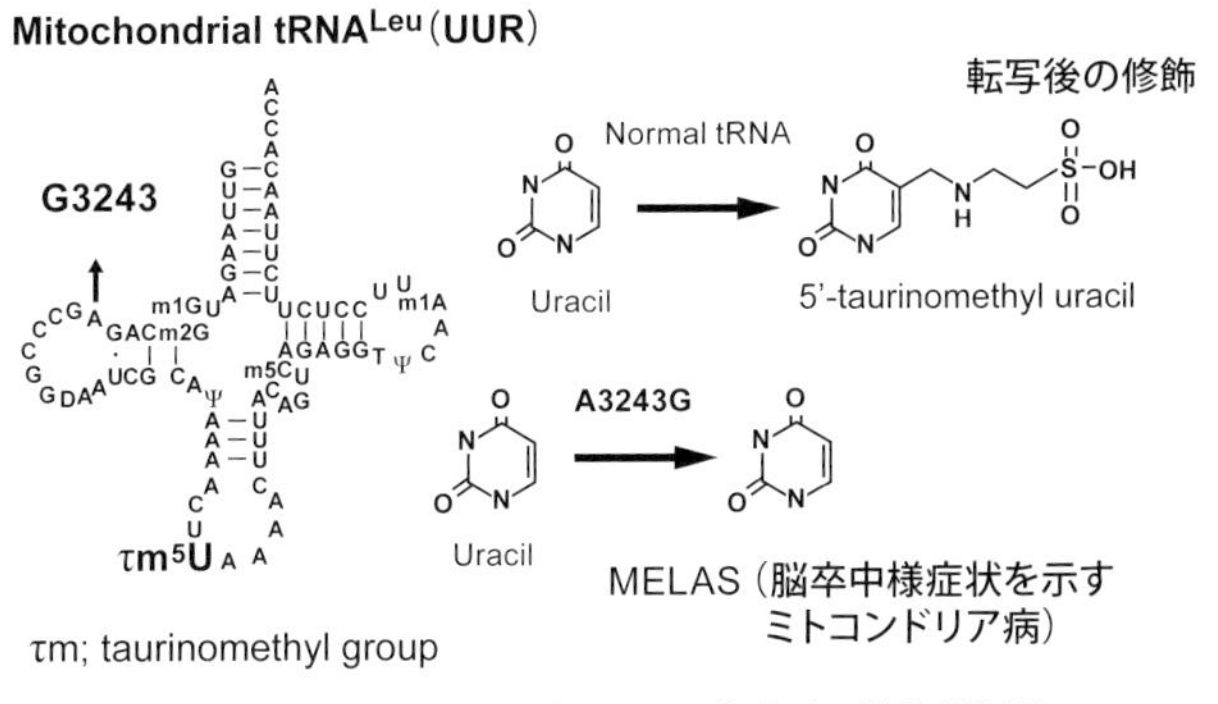

図３－２７　メラスでは tRNA のタウリン修飾が欠損

そこで、$tRNA^{Leu(UUR)}$の塩基配列は正常でタウリンが結合していない人工的な$tRNA^{Leu(UUR)}$を合成して、その性質を調べれば本当にタウリンの結合がミトコンドリア病のメラスの原因かどうかを決定することができます。そのためには、正常な人の細胞を大量に使うことが必要でした。培養細胞からでは、とても必要なミトコンドリアを採取することはできません。そこで、胎盤からミトコンドリアを大量に採ることにしました。胎盤は、お産のときに母親から得ることができますが、無断で使う訳にはいきません。また一度同意したとしても、あとで心変わりをして、拒否する権利も尊重しなくてはなりません。そのため、どなたから得られた胎盤なのかもちゃんと把握しておかないといけません。日本医科大学の2つの附属病院でお産の時に協力していただいて、膨大な数の胎盤を使わせていただきました。お産の時は主治医も看護師さんも想像を絶する忙しさですが、苦情もなく協力していただきました。

この研究の結論は、塩基変化がなくても正常な$tRNA^{Leu(UUR)}$にタウリンが結合していないと、タンパク質合成は正常に行えないということです。

これらの研究に触発されて、メラスだけでなくミトコンドリアのｔＲＮＡの事後変化（修飾といいます）と病気の関連が盛んに行われるようになりました。

〔4〕タウリン補充によるミトコンドリア機能の改善

そこで、高用量タウリンの投与によりメラス変異$tRNA^{Leu(UUR)}$のタウリン修飾が回復し、ミトコンドリア機能が改善するのではないかと考えました。はじめにメラス患者の変異ミトコンドリア遺伝子を持つ培養細胞にタウリンを投与して、ミトコンドリア機能が改善するかどうか検討しました。このメラスモデル細胞では、正常な細胞に比べて酸素消費量とミトコンドリアの膜電位が低下していましたが、タウリンを添加すると酸素消費量が増加し、タウリンの量にしたがって、ミトコンドリア膜電位も改善しました。一方でこうしたタウリンの効果は、正常な細胞では観察されませんでした。

〔5〕タウリン補充療法の医師主導治験

ここで、基礎の研究者（太田）から臨床の研究者（砂田）へのバトンタッチです。

タウリンは栄養ドリンクの成分としてよく知られていますが、高ビリルビン血症とうっ血性心不全に対する保険適応薬として１９８７年に薬事承認されています。メラスのモデル細胞でタウリン投与の効果がみられたことから、砂田らは２００２年から２人のメラス患者にタウリンを大量に飲ませる、つまりタウリン補充療法を開始しました。過去の臨床研究で用いられた最大投与量１２g／日のタウリンを患者さんに毎日内服してもらいました。幸いなことに、高用量のタウリン内服による副作用はみられませんでした。その効果は驚くべきもので、それまで脳卒中様発作を反復していたのが９年以上にわたって再発が完全に抑制され

たのです（図３—２８）。こうした成績をもとに、平成２４～２６年度の厚生労働科学研究費補助金の難病克服事業によりタウリン補充療法の有効性と安全性を検証する医師主導型治験を実施しました。

一般に医薬品を開発するのは、製造販売元の製薬会社です。薬事承認を受けるための安全性と効果を厳密に判定する臨床試験を治験と言います。しかし患者数が少ない疾患の場合などでは、製薬会社として開発と治験に多額の経費をかけたにもかかわらず、利益として回収できないことも生じます。そうすると、患者が少ない病気の治療薬は開発されないことになってしまいます。医師主導型治験とは、製薬会社の治験とは異なり研究者（医師）が主体となって実施する臨床試験で、患者に対する最善の治療法や標準的治療法、証拠に基づいた医療（EBM: evidence-based medicine）を確立するために、必要な証拠（evidence）を創ることを目的として行われています。平成１５年から認められた方法です。研究者（医師）が多忙な中で多くの労力をかけて行う臨床試験ですので、死にそうなくらい忙しく「医師死亡型治験」と冗談で言われることもあります。

この医師主導型治験ではまず全国調査を行い、直近の1年半に2

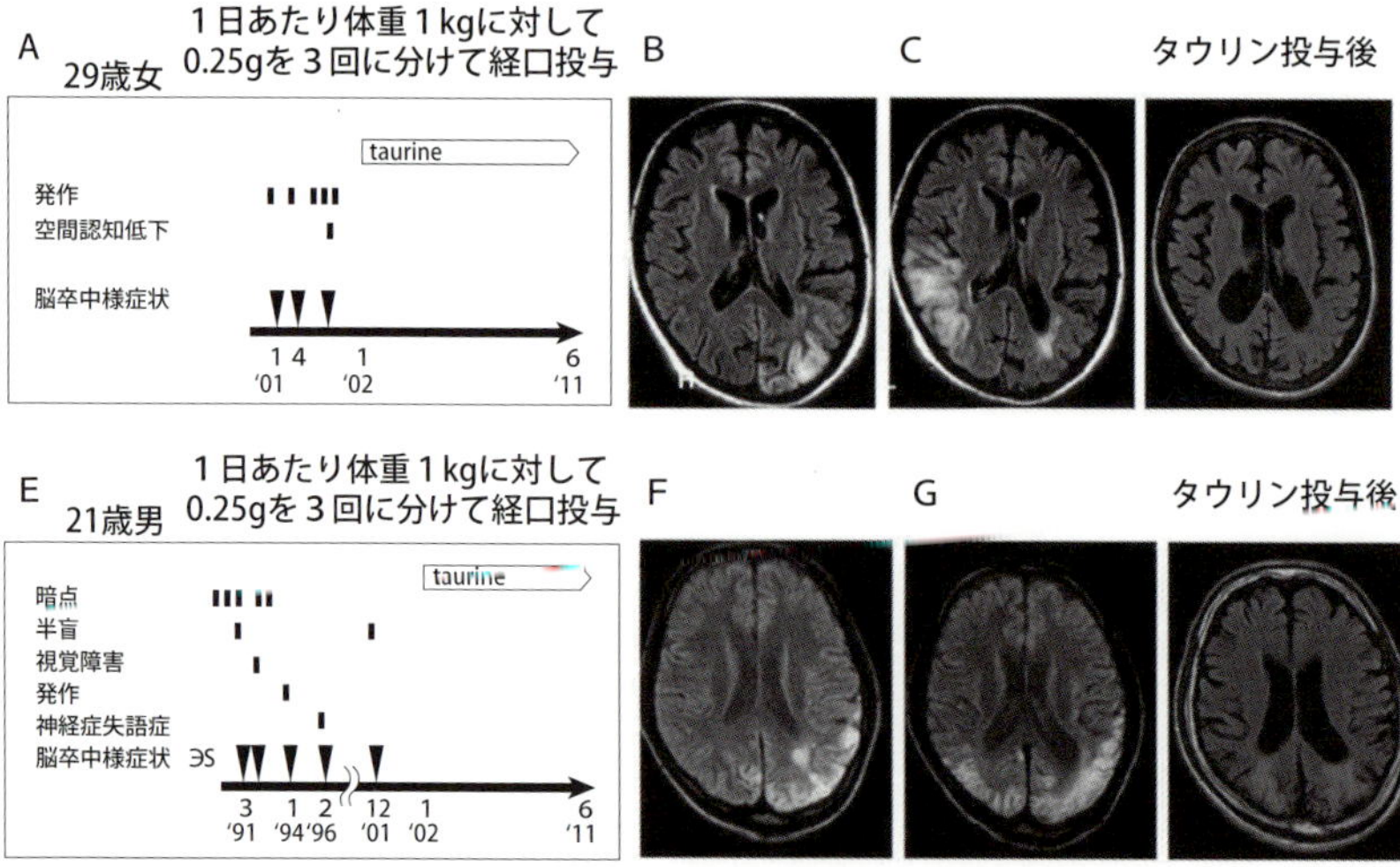

図３－２８　タウリン補充による脳卒中様発作の抑制

回以上脳卒中様発作を繰り返しているメラス患者１０名に協力いただき、約1年間（５２週間）高用量のタウリンを内服していただきました。

重篤な有害事象の発生はなく、高用量タウリン投与の安全性には問題がありませんでした。１０症例中6症例で脳卒中様発作の完全抑制（１００％レスポンダー率は６０％）が達成され、残り4症例でも年間再発率の有意な減少を認めました。

９症例で白血球ｔＲＮＡのタウリン修飾率が測定され、そのうち5症例ではタウリン経口投与によりtRNA$^{Leu(UUR)}$のタウリン修飾率に有意な上昇が確認されました。

ミトコンドリア病に対して保険適用を獲得した薬剤は世界的にも皆無です。今回の医師主導治験では、メラスの脳卒中様発作の再発抑制に対する高用量タウリン補充療法の有効性を示す結果が得られました。また、タウリン修飾率が改善することもヒトで初めて確認され、メラスがｔＲＮＡ転写後修飾異常症であるという概念を支持する結果として注目されます。比較的安価な既存薬であるタウリンが、稀少難病であるメラスの治療に使用できることになれば、患者の生命予後改善や生活の質の向上に大きく寄与することが期待されます。この治験成績をもって一日も早く、薬事承認の獲得を目指すとともに、日本医療研究開発機構（ＡＭＥＤ）の研究事業として、より長期にわたる治療効果と安全性の評価を行う予定です。

（4）最後に

著者のひとりの太田がメラスの研究を始めたのが１９８５年ですので、３０年が経つことになります。砂田が臨床試験を始めたのが１３年前で、ちょうど医師主導型治験が認められた時期にあたります。この間、多くの共同研究者と多くの機関の方々に支えられて、タウリンをミトコンドリアの改善治療薬とする一歩手前まで到達することができました。この場をもって、感謝の意を表したいと思います。

第4章　タウリンをもっと身近に

1．食はいのち、わかってきた健康効果

（1）魚を食べている人々は健康か

世界中の栄養と健康の関係を、３０年にわたって研究してきた結果、どのような食生活が人間の健康に良いかが明らかになりました。日本人としては、日常的に食べられる魚介類の食事が大切なのです。世界中で魚を食べている人々は健康な人が多いということが世界２５ヶ国、６１地域での研究でわかりました（図４―１）。

沖縄の住民は１９９０年代の初めの頃は、男女とも世界一の平均寿命でした。ところが今や男性は日本の平均的な寿命で、女性も日本一を奪われ、最近は長野県が男女ともに、平均寿命が日本で一番長い都道府県になっています。その原因もわれわれの世界研究でわかってきています。要するに、人間の生命は海で３８億年前に生まれた単細胞生物に始まり、その後６億年

12,335人の内4,211人の健診（女性49.7%）のデータ分析

①バース ②ダニーデン ③富山 ④弘前 ⑤別府 ⑥久留米 ⑦沖縄 ⑧広島 ⑨大田 ⑩ウイグル ⑫広州市 ⑬梅県 ⑭北京 ⑮上海 ⑯石家荘 ⑰ラサ ⑱ジョージア ⑲モスクワ ⑳ヨーテボリ ㉑オルレアン ㉒ルーベン ㉓ゲント ㉔ベルファスト ㉕ストーノウェイ ㉖ソフィア都市 ㉗ソフィア郊外 ㉘アテネ ㉙ミラノ ㉚パレルモ ㉛テルアビブ ㉜ナバス ㉝マドリード ㉞リスボン ㉟キトー ㊱ビルカバンバ ㊲マンタ ㊳ウルグアイアナ ㊴パジェ ㊵ハンデニ ㊶シンヤ ㊷ダルエスサラーム ㊸イバダン ㊹ホノルル ㊺ジャクソン ㊻ニューファンドランド ㊼モントリオール ㊽サンパウロ ㊾カンポグランデ ㊿ヒロ

図４－１　WHO- 循環器疾患と栄養・共同研究（CARDIAC Study）の調査地域（1985 ～ 1994）

前に多細胞の生物になり、地上に棲むようになったのですが、海の栄養が重要だったわけです。海の幸を食べて人間は育ってきました。二足歩行をするように進化しましたが、よく食べていたのは貝塚の食事でした。地球上で一番最近まで縄文時代の食事をしていたのは、オーストラリアの先住民アボリジニです（図４—２）。オーストラリア大陸の南の端まで歩いて行ったアボリジニの祖先は、まさに貝塚の食事をしていたのです。それが、われわれの調査では都市に住む人々はファストフードを食べ、海の幸は全く生かされず、肥満の人がほとんどでした（図４—２左）。それで２４時間尿を調べると、魚介類に多く含まれるタウリンがとても少なかったのです。都会に住む人々の平均寿命は５１歳と短命ですが、アボリジニの中でも、今なお、うなぎの養殖を８、０００年前からやっている海岸部に住む人々はうなぎを日常的に食べています（図４—２右）。同じアボリジニの遺伝子を持っているのに、８０歳、９０歳の人々もおられるのです。海岸部のアボリジニの長寿の秘訣は魚介類を食べ、２４時間尿中にタウリンの多い人々ほど、コレステロールと中性脂肪が低く、さらに動脈硬化を防ぐ善玉のＨＤＬコレステロールが高いことが関係するとわかりました。

また、コーカサスの人々は１９８０年代には長寿の方も多くおられたのです。その食卓には淡水魚ものっていました（図４—３）。もちろん日本でも親しまれているカスピ海ヨーグルトなど発酵乳もいろいろあって常食していましたので、

図４－２　都市に住むアボリジニ（左）と天然うなぎの養殖をするアボリジニ（右）

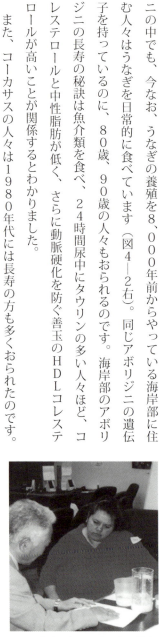

魚を食べる習慣のみが長寿に役立つわけではありません。野菜や果物も日常的に多く食べ、肉も焼いたり、ゆでたりして脂肪を少なくして食べる、とてもよい食習慣がありました。この世界研究のため、われわれは24時間尿を採取できる簡易採尿装置、ユリカップを開発しました（図４―４）。世界中のマサイ族からチベット族までまる１日、24時間の尿を集めて分析した結果、実は後で述べますようにタウリンが多いほど心臓死が少なく、長寿になり得ることがわかりました。

（２）魚を食べると遺伝子は同じでも長生き

魚介類を食べると心臓死が少なく長生きしても、それは長寿に適した遺伝子を持っているから長寿になるのではとも考えられます。そこで、われわれは遺伝子的にも恵

図４－３　淡水魚が並ぶコーカサスの食卓

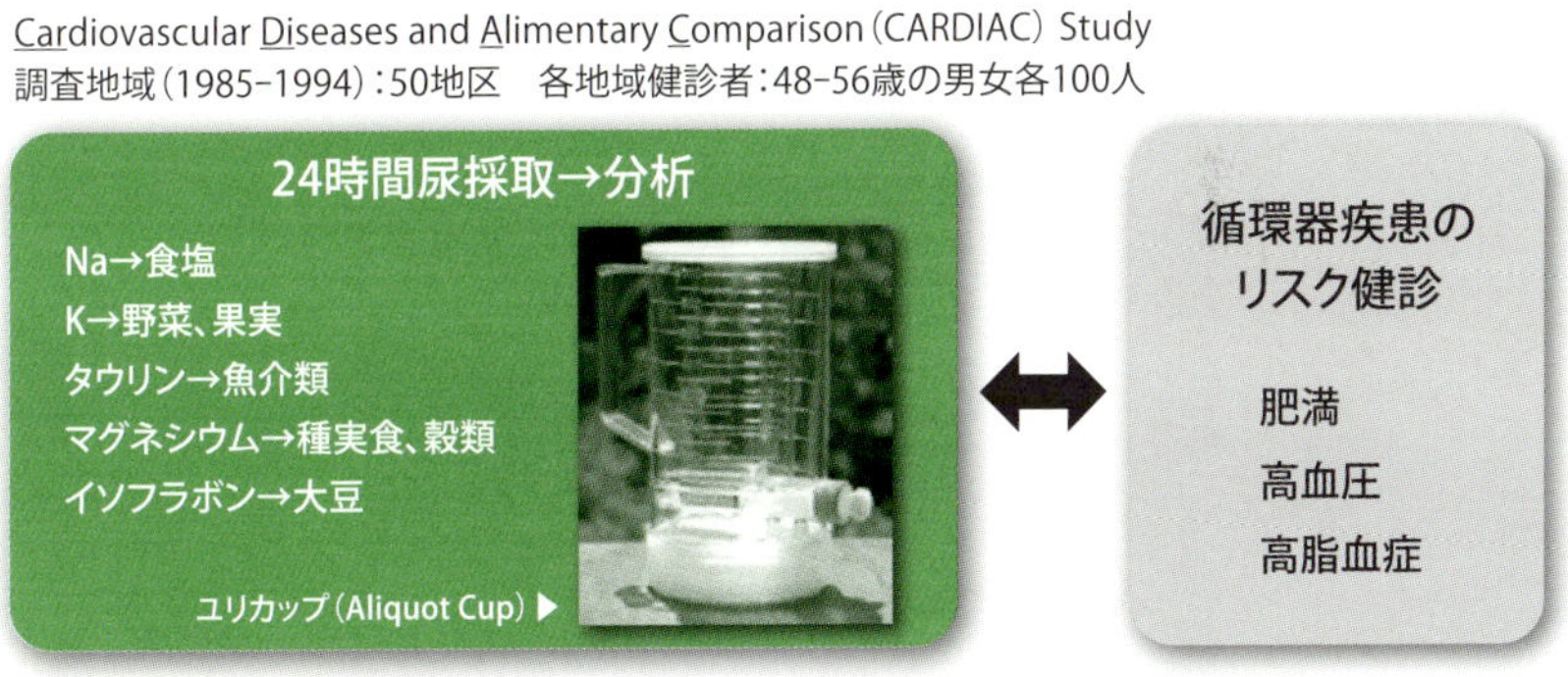

図４－４　WHO- 循環器疾患と栄養・共同研究のデザイン

まれていたのか、一時期は世界一の長寿になった沖縄県人の方々を世界中で調べました。同じ遺伝子を持って、沖縄からハワイに移住した方々は、１９８０年代の終わりに沖縄を超えて世界一の長生きになりました。ハワイ島で健診をしたところ、高齢者に認知症も少ないことがわかりました。日本では現在、認知症は急増しつつあり、どのような食事が認知症を防ぐかが問題です。

実はハワイ在住の日系人、沖縄県人会の人々は野菜などをポリネシア風の〝ラウラウ〟という蒸し料理にしていました（図４―５）。それで、沖縄に住んでいた頃よりも、塩分の摂取が少なくとも平均で２g減り、１日８gから６gになっていました。食塩摂取が２g減ると脳卒中もそのぶん少なくなり、平均寿命が１年延長することがわれわれの調査でもわっています。そのうえハワイで採れる魚もたくさん食べていたのです。魚にはタウリンが多く、これを摂取すれば血圧が下がり、コレステロールも下がります。当然、血圧やコレステロールが高すぎると発症する心筋梗塞が少なくなり、当時のハワイの日系人の世界一の長寿を支えていたのです。

（3） 魚を食べないブラジル日系人

沖縄県の人たちはハワイに移住したのと同じ頃、ブラルジにも移住しました。ところがブラジルの日系沖縄県人を調べたところ、魚は週に１回も摂らない人が

図４－５　蒸し料理「ラウラウ」

多かったのです。実はブラジルは放牧された牛から肉がたくさん生産されるので、１キロはなんと１８０円くらいでした。そんなに安価ですから誰でも肉食になります。海から遠い内陸では魚は値段も高く、新鮮ではないのでおいしくないわけです。そのような食環境で肉食中心となり、心筋梗塞で亡くなる人が多くなり、なんと１７年も平均寿命が日本人より短くなっていました。要するに世界中で魚を食べている人々ではタウリンの摂取が多く、高血圧も動脈硬化による心臓死も少なくなり、良い健診結果の得られることがわれわれの世界中の研究でわかってきました。

2. タウリンで脳卒中が予防できる

（1）タウリンの効果が脳卒中ラットでわかる

このように世界の研究を始めたのは、実はタウリンを食べていると脳卒中が減るという実験研究の成果を得たからです。私が１９６０年代に京大医学部を卒業して研究を始めた頃には、脳卒中が日本人の最大の死因でした。そこで脳卒中の研究を始めたのですが、脳卒中は人間でしか起こらない病気ですから動物実験はできません。私は脳卒中をおこすモデルをラットで作り出すことに専心し、ついにその開発に成功しました。

一言で言えば簡単ですが、そのためには１０年以上の年月が必要でした。まず、

脳卒中は高血圧の人々に多いので、実験用白ネズミ・ラットの中で血圧の高めのラットを選んで交配し、遺伝的に高血圧を起こす高血圧自然発症ラット（ＳＨＲ）が京都大学で開発されました。しかし、高血圧ラットは脳卒中になりませんでした。ラットは頭を使わないから脳卒中にならないのでは？と思ったほどでしたが、４０００～５０００匹の高血圧ラットをあらかじめ殖やしておき、死亡したら全例解剖して脳に少しでも出血や血管が詰まって起こる梗塞がみられたラットの子孫だけを殖やし続けました。脳卒中を起こした家系のラットを継代して、１０年をかけてついに脳卒中が全例起こる脳卒中ラットの系統（ＳＨＲＳＰ）が確立できたのです（図４―６）。この遺伝的に脳卒中になるラットは１％の食塩水、味噌汁程度の塩分を含む水で飼育すると重症の高血圧になり、全例脳卒中で死亡します（図４―７）。しかし、このラットでも魚のタンパク質を与えて

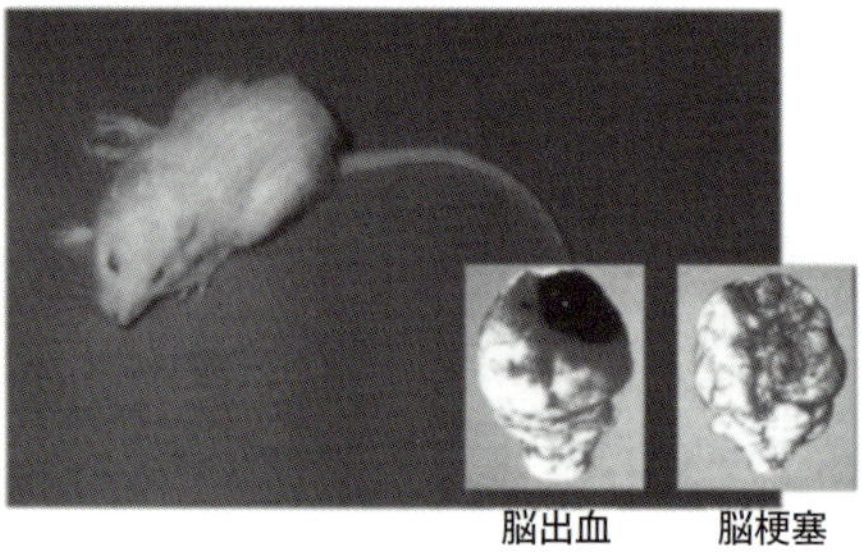

図４－６　脳卒中ラットの開発による病因と予防の研究の発展

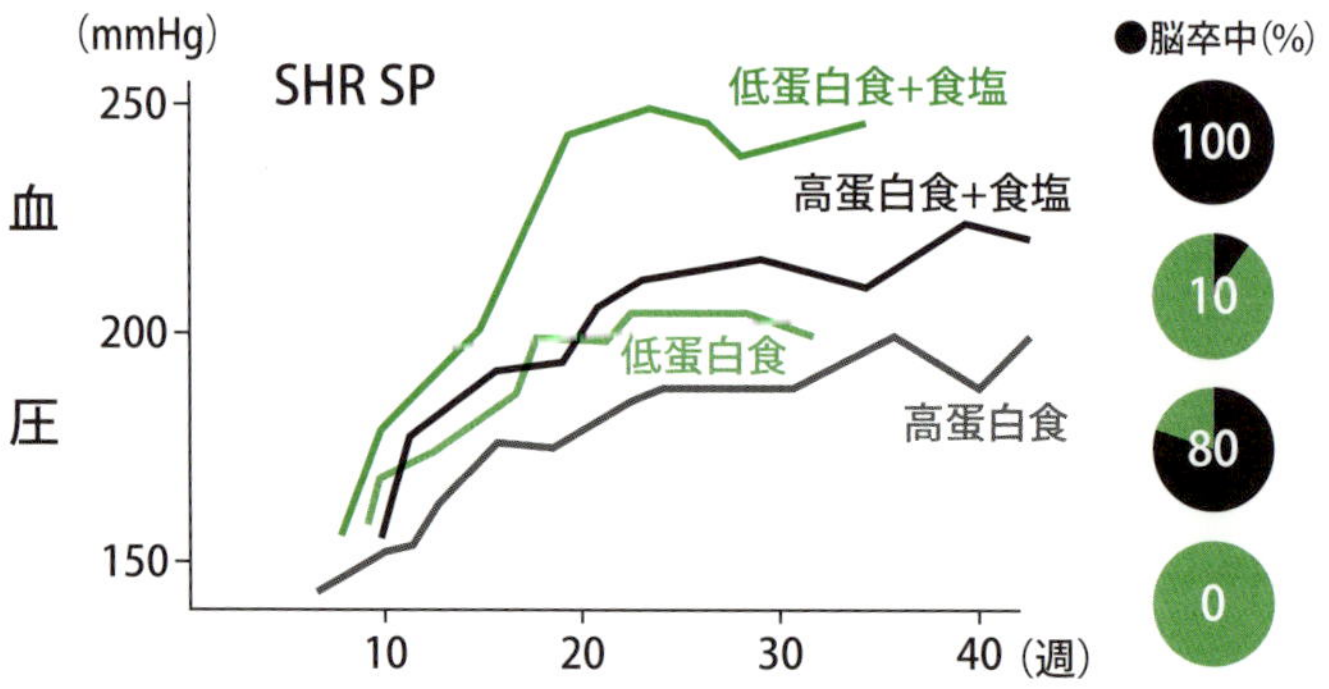

図４－７　食物と血圧

おくと、たとえ血圧を上げる高食塩食で飼育しても脳卒中は10％と少なく、脳卒中の予防も可能だとわかりました。そこで魚に多いタウリンを3％飲料水に入れて飼育すると、正常血圧のラットではタウリンは血圧への影響は少なく、高血圧ラットでは血圧を下げ、脳卒中ラットでは重症の高血圧の発症が明らかに抑えられ、脳卒中も少なくなることがわかりました（図4―8）。

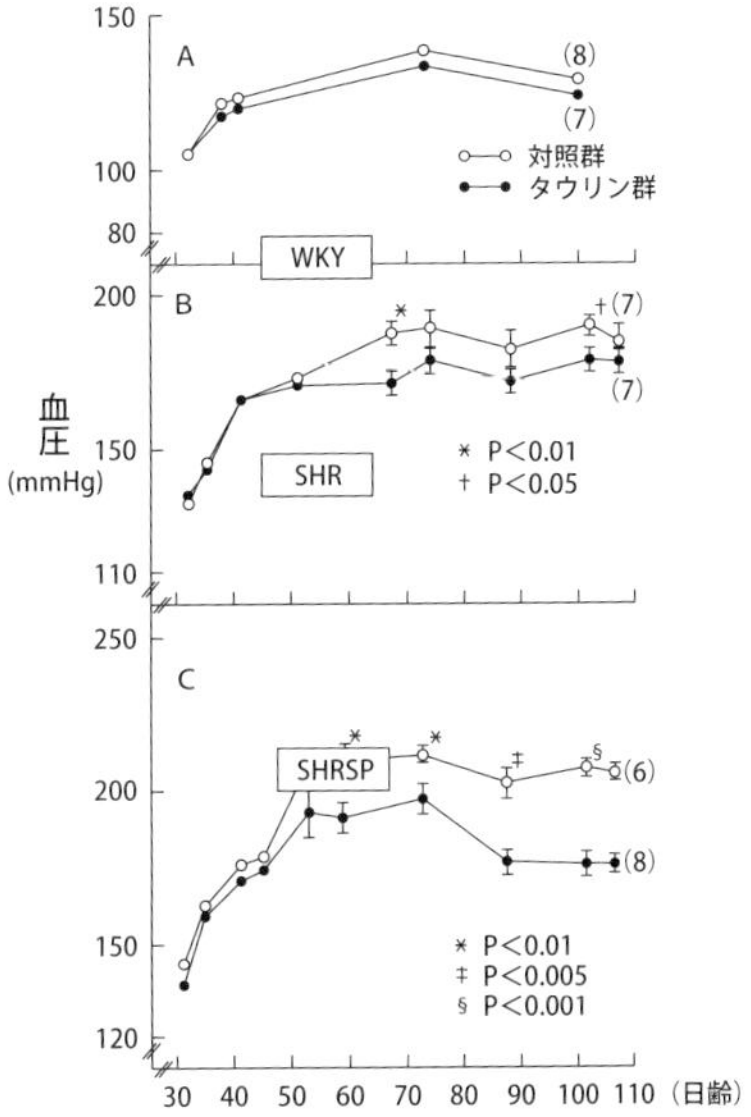

Nara Y et al. (1978) Biochem. Pharmacol.

図4－8　タウリンの降圧作用

（2）タウリンは動脈硬化も防ぐ

医学の実験的研究にラットはたいへん役立つのですが、普通のラットでは脂肪の多い食餌を与えても動脈硬化になりません。ところが重症の高血圧になる脳卒中ラットは、欧米人並みの高脂肪コレステロール食を与えると、わずか3週間で腸間膜動脈に動脈硬化の原因となる脂肪が沈着することも分かりました（図4―9）。そこでこのような動脈硬化を抑える栄養の研究を始めました。様々な実験を重ね、タウリンを与えておくと、たとえ高脂肪食を食べさせても血液の中のコレステロールの上昇は明らかに抑えられ（図4―10）、動脈硬化の原因となる血管への脂肪沈着をタウリンが防いでくれることが証明できました。

その理由はタウリンがコレステロールを代謝する7α水酸化酵素を活性化し

て、コレステロールを胆汁酸として肝臓から出してくれるからだとわかりました。そのうえ微量のタウリンを脳内に注入すると、血圧を上げる交感神経の中枢を抑えるため血圧が下がります。タウリンにはストレスに反応する交感神経の高ぶりを抑える効果もあり血圧を下げるのです。タウリンで血圧とコレステロールがともに下がれば心臓死が防げます。このような実験を重ね、タウリンは動脈硬化も予防することが実証されてきたのです。

(3) タウリンが脳卒中を防ぐわけ

１９７４年、われわれが脳卒中を１００％発症する脳卒中ラットの開発に成功して、世界中の研究が大き

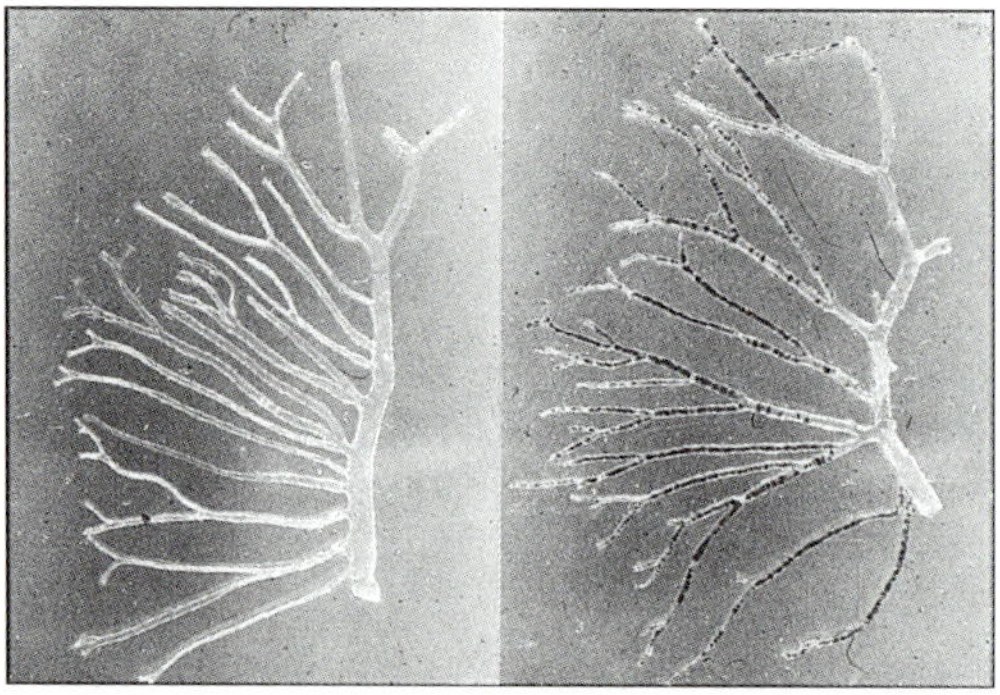

図４－９　高脂肪食負荷脳卒中モデル（SHRSP）の腸間膜動脈脂肪沈着

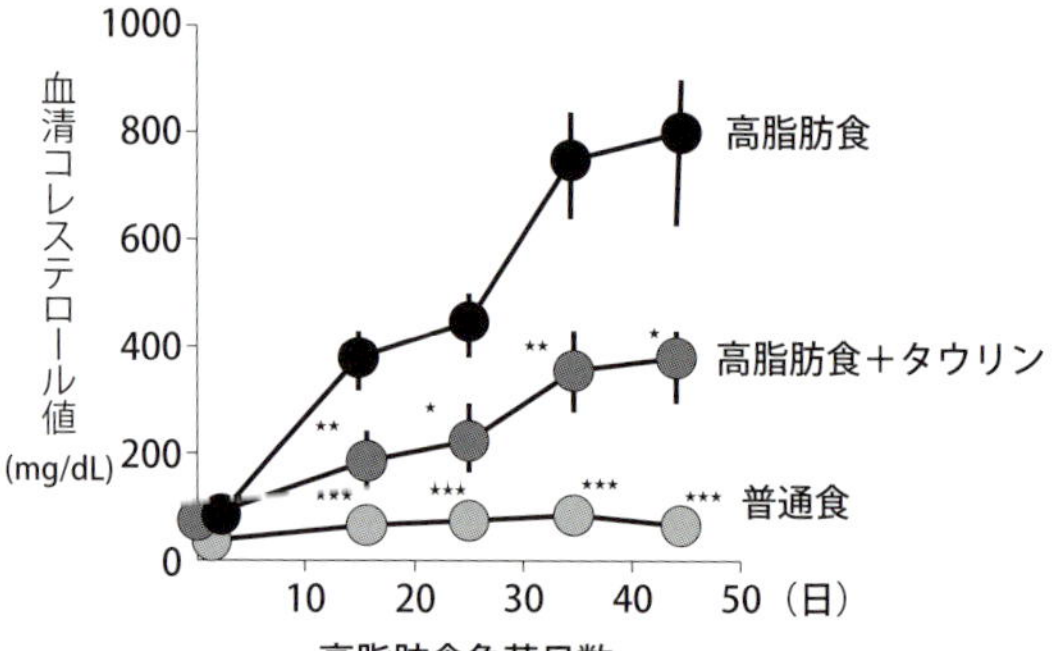

*p＜0.05，**p＜0.01，***p＜0.001（高脂肪食と比較）

図４－１０　高脂肪食負荷脳卒中モデル（SHRSP）の高コレステロール血漿に及ぼすタウリンの効果

く変わりました。もちろん世界中で高血圧ラット、ＳＨＲとともに血圧を下げる新薬の開発に役立ちました。しかし、われわれはＳＨＲＳＰに魚や大豆のタンパク質を与えると脳卒中が予防できることを次々証明しました。

　脳卒中を確実に発症するので、脳卒中を起こす前の血管の変化を電子顕微鏡で調べて、血管障害の起こり方がまずわかったのです（図４―１１）。脳の中で枝分かれする血管で、血流と逆方向に枝分かれする部分が問題なのです。このような分岐をした先では、重症の高血圧が続くと血流が低下します。血管の裏うちをしている内皮細胞は限られた栄養成分しか通さないので、血管を囲む平滑筋細胞は栄養の行き届きにくい外側から変性し壊死することが分かりました。この壊死した細胞の処理のため動員

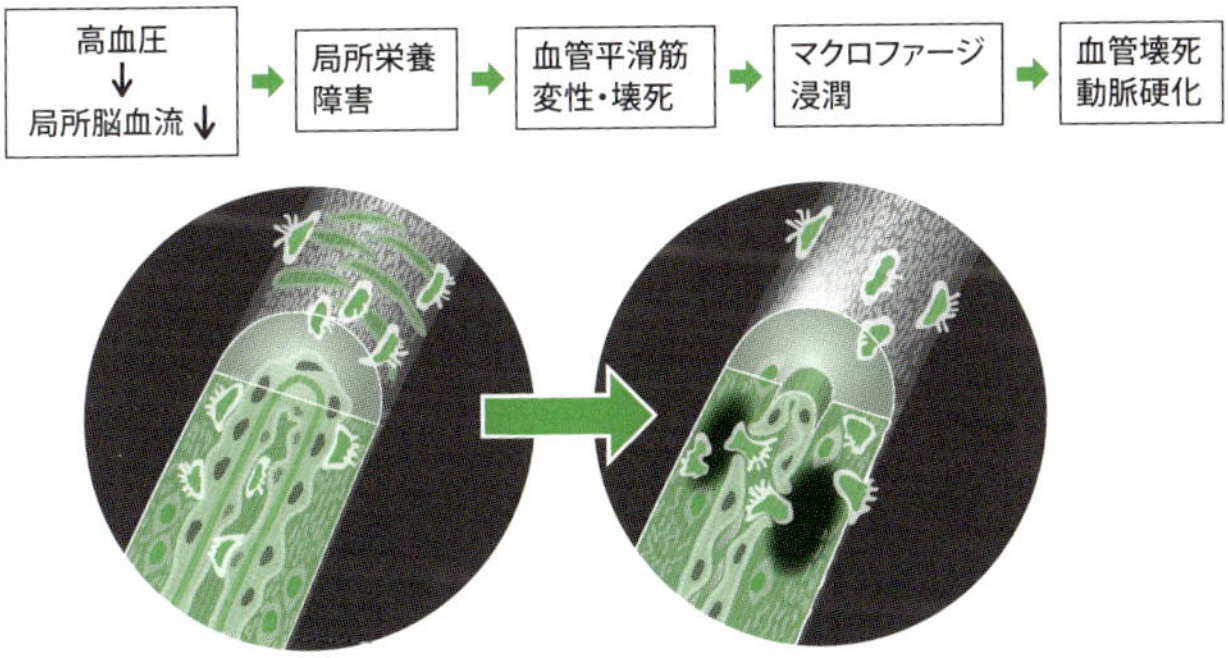

図４－１１　脳血管障害の発症機序

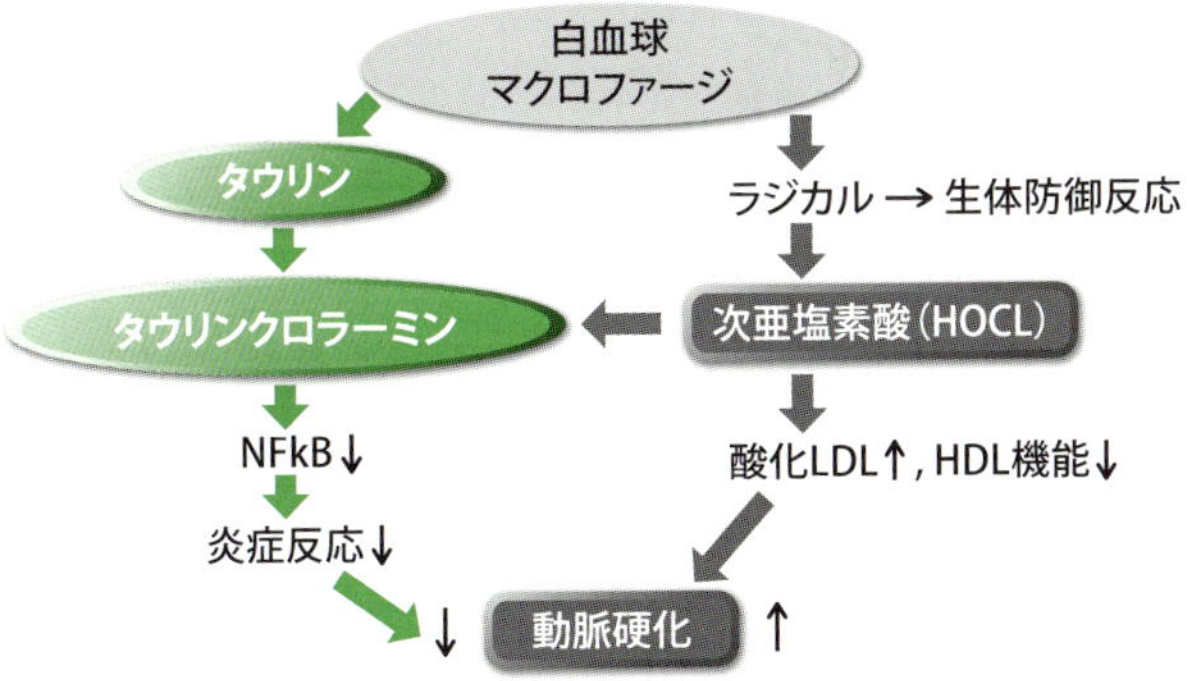

図４－１２　タウリンの抗酸化・抗炎症・抗動脈硬化作用

されたマクロファージなどが血管の周囲から炎症反応を起こし、血管障害の原因となります。この際タンパク質は局所の栄養障害を防ぐのに大切ですし、さらに魚介類に含まれるタウリンは血圧を下げるのみならず、炎症反応で生ずる活性酸素が生体内の塩素と反応して発生する次亜塩素酸を中和し、血管壁を傷つけるのを防ぐと考えられています（図４―１２）。次亜塩素酸は悪玉コレステロールも酸化させるので、脂肪が血管壁にとり込まれ動脈硬化を起こす原因にもなります。したがって前述の高脂肪食を与えたＳＨＲＳＰの血管壁の脂肪沈着も、酸化を防ぐタウリンで抑えられるわけです。実はＳＨＲＳＰの脳卒中だけでなく、ヒトの脳卒中でも炎症が脳卒中の発症率に関係することは１０年以上も後になって、臨床的にも炎症のマーカー高感度Ｃ反応性蛋白（ＣＲＰ）が測定できるようになったことで、ＣＲＰが高い人で脳梗塞の発症が高いという疫学研究でも証明されました（図４―１３）。さらに、ＳＨＲＳＰでタンパク質の脳卒中予防効果を実証してから３０年も経って、大規模な疫学研究でタンパク質を摂取しているヒトでは脳卒中のリスクが明らかに低いこともわかってきました。

3. 世界調査でわかったタウリンの力

（1）脳卒中ラットから世界研究へ

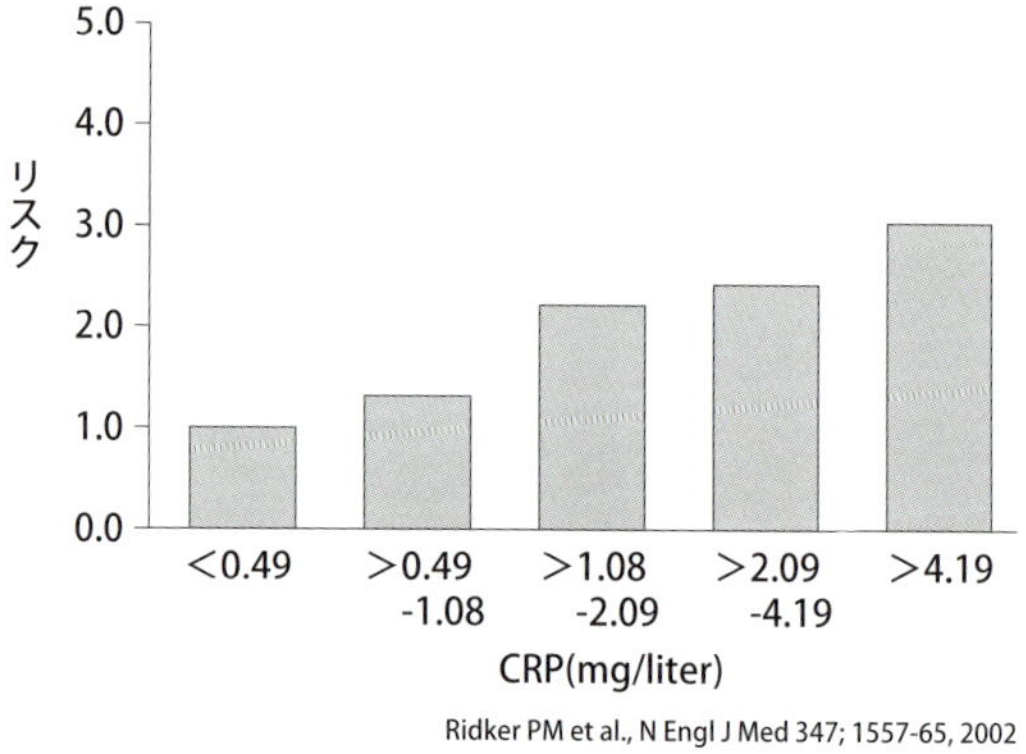

Ridker PM et al., N Engl J Med 347; 1557-65, 2002

図４－１３　炎症のマーカー（高感度 CRP）と脳梗塞の発症リスク（オッズ比）

脳卒中ラットで脳卒中予防に栄養が有効であることが明らかとなったため、これをヒトの脳卒中はじめ心筋梗塞など血管の病気、すなわち循環器疾患の予防に役立てたいと思い、ヒトでは予防の実験的研究に代わる疫学研究に乗り出しました。まず、１９７５年に新設された島根医科大学（後の島根大学医学部）の難病研究所に日本脳卒中予防センターを創設し、島根県下の疫学研究を開始しました（図４―１４）。注目したのは脳卒中の地域差で、県下の山村には多いが隠岐の島の漁村では少ないのです。２４時間尿を集めて分析した結果、山村と漁村の差は、食塩摂取ではなく尿中の硫酸基の量で、漁村ではこれが多く、また山村でもこれが多い人ほど血圧が低いことがわかりました。そこで、魚介類に多い硫黄を含むアミノ酸タウリンに脳卒中ラットの実験結果からも注目しました。

島根県下のデータを集めるとともに、一方では学生のボランティア研究で様々な食事を摂って２４時間尿を採取してもらい、尿中の栄養のバイオマーカーを測定して、客観的な栄養摂取の評価が可能なことを検証しました。その結果を１９８２年、世界保健機関（ＷＨＯ）の専門委員会で報告し、翌年国際会議を出雲で開催して「循環器疾患の一次予防に関するＷＨＯ共同研究センター」を島根医大（現在、島根大学医学部）に創設しました。２年間の準備期間中に、簡易２４時間尿採取装置、ユリカップ（図４―４）や精巧な自動血圧計を開発し、１９８５年に東京で再度国際会議を開催しました。最終的には世界６１地域で、

島根県の疫学調査

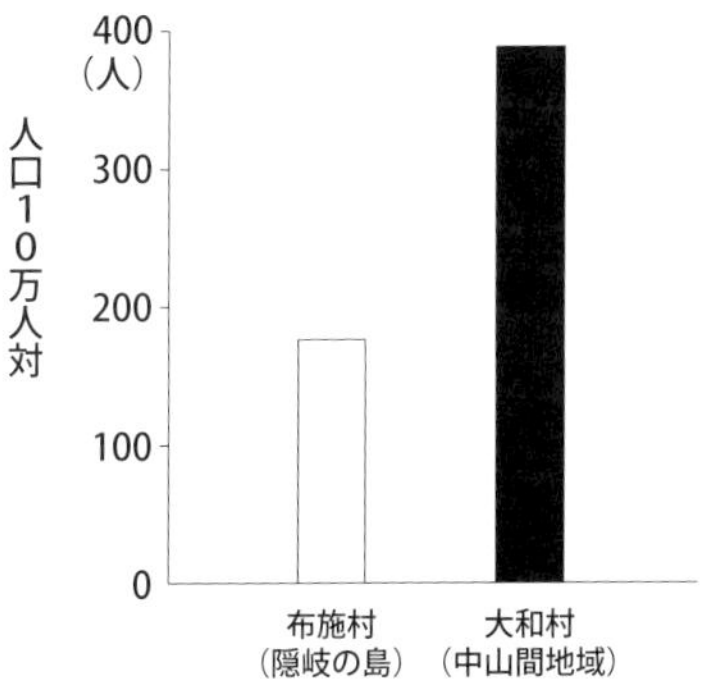

図４－１４　島根県下の脳卒中死亡率の差

各地域48～56歳の男女各100人の健診を行う研究デザインがWHOで認められ、研究をスタートしました（図4―1、4―4）。

（2）世界のタウリンを調べてわかる食生活

この研究で使ったユリカップ（図4―4）で、毎回排尿した尿の40分の1がワンタッチで二重底の下のカセットに貯まるので、24時間尿が正確に採取できました。アンケートで調べた魚介類の摂取頻度と尿中のタウリン量を調べると、図4―15のように見事に関係することが明らかとなったのです。これで見ても日本の各地域は魚介類を多く食べ、リスボン、マドリードなど地中海地域と、スペイン系の人が住むエクアドルの漁村（マンタ）なども比較的多いことがわかります。魚介類摂取とタウリンとの関係はチベットでも証明されました。海抜3600m、富士山頂に近い高地に住むラサの人々に24時間尿の集め方を学んでいただき（図4―16）分析したところ、食塩の摂取が1日平均16gと世界一多く、収縮期血圧が200ミリを超える重症の方もいました。ラマ教徒で水葬や鳥葬の慣習があるため、魚や鳥類は先祖の魂が宿るので一切口にしません。高地なので野菜はとれず、食塩の害を打ち消すカリウムも少なく、それに加えてタウリン摂取は世界一少なく、魚介類を実

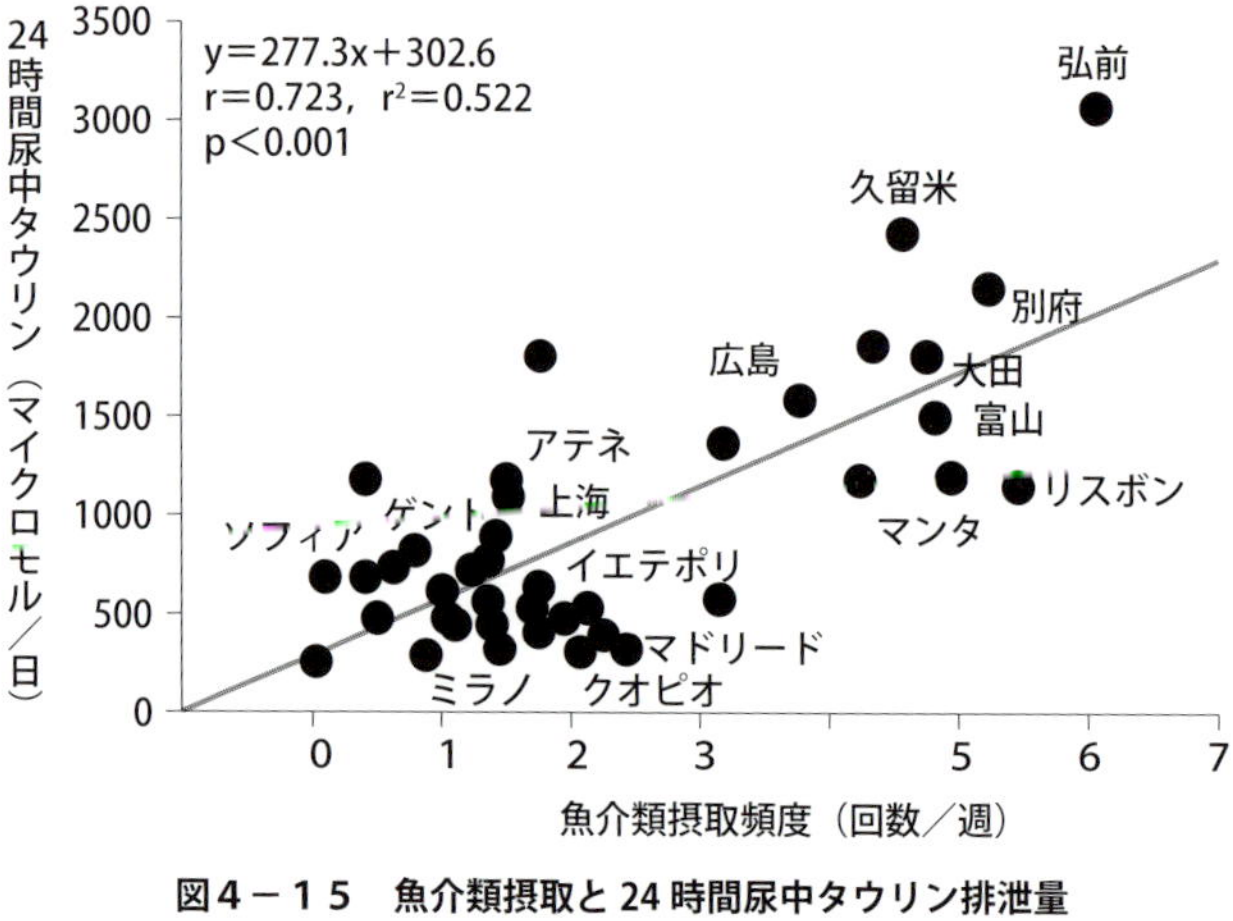

図4－15　魚介類摂取と24時間尿中タウリン排泄量

際食べないことが確かめられました(図4―17)。

世界調査では日本の各地のタウリン摂取は最高に多く、ブラジルに移住し魚介類を食べなくなったとは言えサンパウロの日系人がそれに次ぎ、スペイン、ポルトガル、ギリシャなど地中海食の地域に匹敵することがわかりました。このデータから心臓死を防ぐ代表食とされる日本食や地中海食のメリットがタウリンにあると思われるほどです。

中国は食文化も多様性がありますが、「食は広州にあり」といわれる広州は、食塩摂取も1日6gとアジア地域で最も少なく魚介類を常食し、タウリンの摂取も日本に次いで地中海地域の人々に相当する量でした。1985

図4－16　チベットでの24時間尿採取

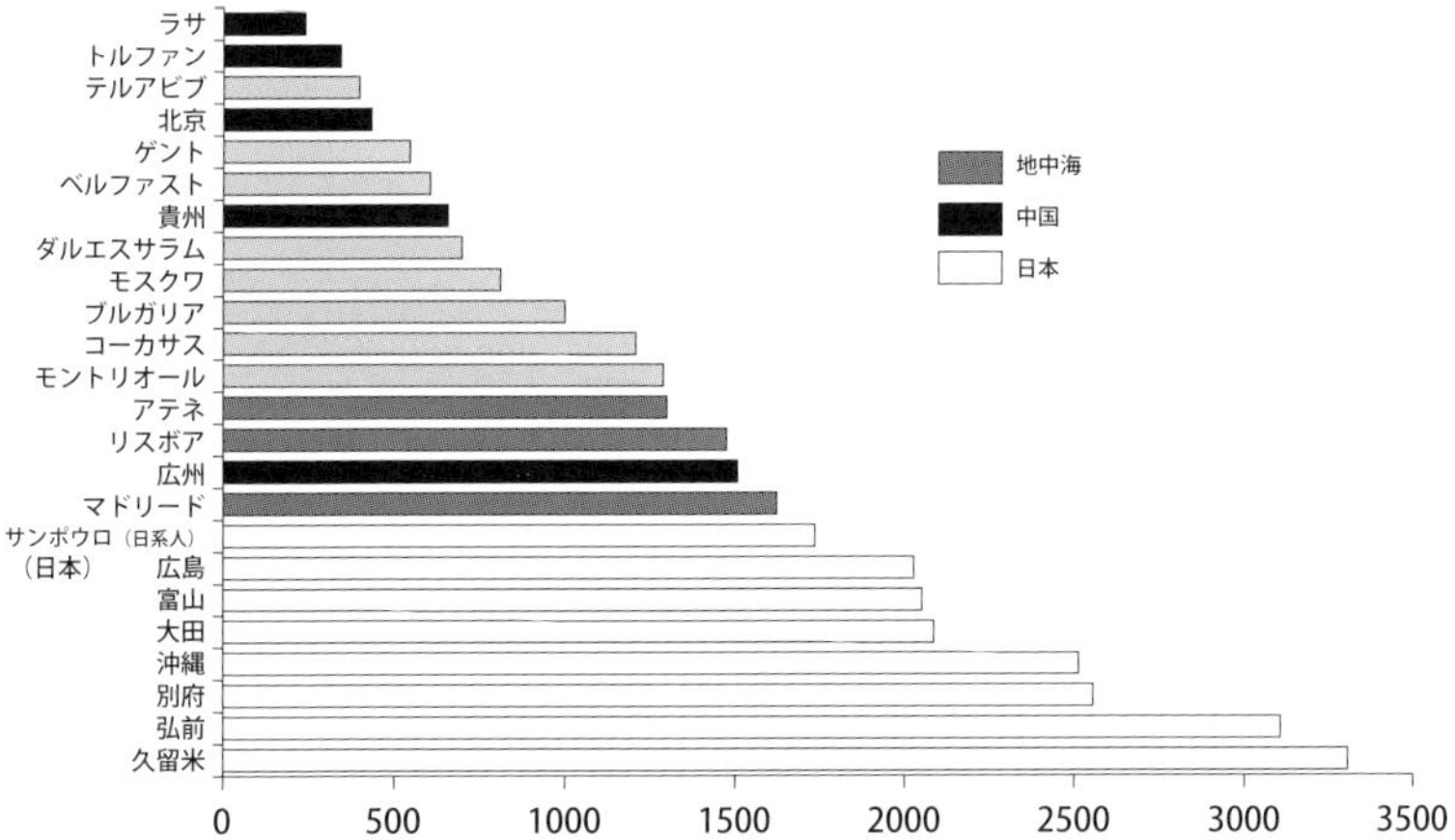

図4－17　24時間尿中タウリン排泄量（マイクロモル／日）

年の第1回調査では、高血圧の人も50歳代前半でほとんどいなかったのですが、広州市近郊の村、謝村（シェソン）も4年後の再健診では著しい経済発展による急速な都市化で食塩摂取量は9gに増え、摂取タウリン量は減少して循環器疾患のリスクは増加していました。

(3) タウリンと〝メタボ〟のリスク

世界保健機関（WHO）によれば、発展途上国も含めて感染症よりも生活習慣病など非感染性疾患での死亡率が6割以上を占め、ますます増加しつつあります。生活習慣病は肥満を伴い、高血圧、脂質異常症（高脂血症）、糖尿病など、いわゆる〝メタボ〟（メタボリックシンドローム）で、世界中で急増する原因の究明が急がれます。

第2章「生活習慣病」で、動物でのデータを中心に肥満、高血圧、糖尿病および合併症、脂質異常症に対するタウリンの効果を詳しく解説しましたが、ヒトにおいて、この〝メタボ〟がタウリンの摂取と大いに関係することがわれわれの世界調査で初めて明らかになりました（図4―18）。この健診の参加者は遺伝子も異なる様々な民族の人たちであり、生活環境もチベット族からマサイ族まで全く異なります。しかし、24時間尿中でわかるタウリンの摂取量が、世界平均以上の人と、それ未満の人とに二分して、〝メタボ〟のリスクを比較してみました。

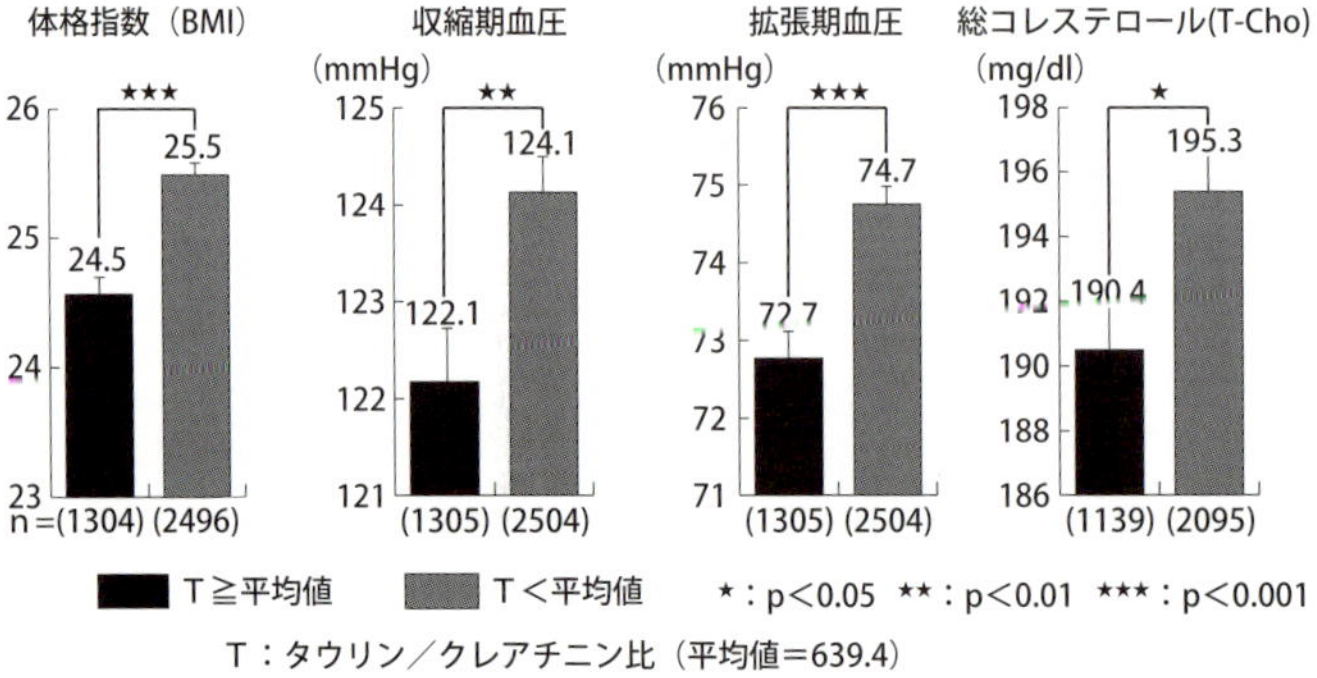

図4－18　尿中タウリン（T）量と循環器疾患リスク

すると世界平均以上の人は、それ未満の人に比べて肥満度を示すＢＭＩ（体格指数：体重(kg)／身長(m)²）が統計的に有意に低く、収縮期と拡張期血圧も共に低く、血清総コレステロールも低いことがわかりました。つまり、タウリンを魚介類から充分摂取している人たちは、肥満、高血圧、脂質異常症という〝メタボ〟の三大リスクが明らかに低いことが証明されたのです。第２章の生活習慣病の項で述べたように、ネズミなどの動物を用いた研究において、タウリン摂取による〝メタボ〟の予防や進展抑制作用が証明されています。それに加えて世界６１地域における世界調査からヒトにおいても、普段の食事からタウリンを多く摂取することが生活習慣病の抑制につながる可能性が明らかとなったのです。

住む土地の気候との関係で、乾物でしか魚介類を食べられないタンザニアの人々でも〝ダガー〟と言われるヴィクトリア湖などで採れる淡水魚の乾物を常食している人々は、大都会の首都ダレスサラムの住民よりも生活習慣病のリスクが低かったのです。また、同じカナダでもリスクの高いニューファンドランド島に住む人々は島中で放牧した羊を常食し、豊かな漁場で獲れる魚は米大陸への輸出用でほとんど食べず、尿中のタウリンも少なかったのです。一方、モントリオールに住むフランス系カナダ人は、魚介類も肉もバランスよく摂り、タウリンも多く肥満、高血圧、脂質異常症の割合も少ないことがわかりました。

（4）タウリンと心筋梗塞

心筋梗塞は脳卒中と並ぶ二大血管病ですが、これらの死亡率が多いと平均寿命は短くなります。まさに「人は血管と共に老いる」のですが、心筋梗塞は脳卒中より若い年代で発症しますので、われわれの世界調査でも心筋梗塞は平均寿命とより密接な関係にありました。心筋梗塞は疫学的にも高血圧や脂血異常症がリスクとして関係することが知られていましたが、われわれの世界調査によって、まさにタウリンの摂取が高血圧や脂血異常症のリスクを下げることがわかってきました。

そこで、世界各地域の２４時間尿中のタウリン排泄量と心筋梗塞の年齢調整死亡率との関係を見ると（図４―１９）、見事な逆相関、すなわちタウリンが多いと死亡率が少ないことが証明されました。すでに述べたように、脳卒中ラットを用いた基礎研究でもタウリンに高血圧や脂質異常症の抑制作用が実証され、その機序も明らかとなっています。さらに、この世界研究では血液のリン脂質中の脂肪酸も分析し、魚介類由来のＤＨＡやＥＰＡなどｎ―３系多価不飽和脂肪酸が全脂肪酸中に占める割合が多い、すなわち魚介類の摂取が多いと考えられる地域では、明らかに心筋梗塞の年齢調整死亡率が低いことも証明しています。ＤＨＡなどの脂肪酸には血圧を下げるほか、血液が固まり血栓を作るのを防ぐ作用もあるため、タウリンの血圧やコレステロールを下げる作用と協調して予防効果を発揮

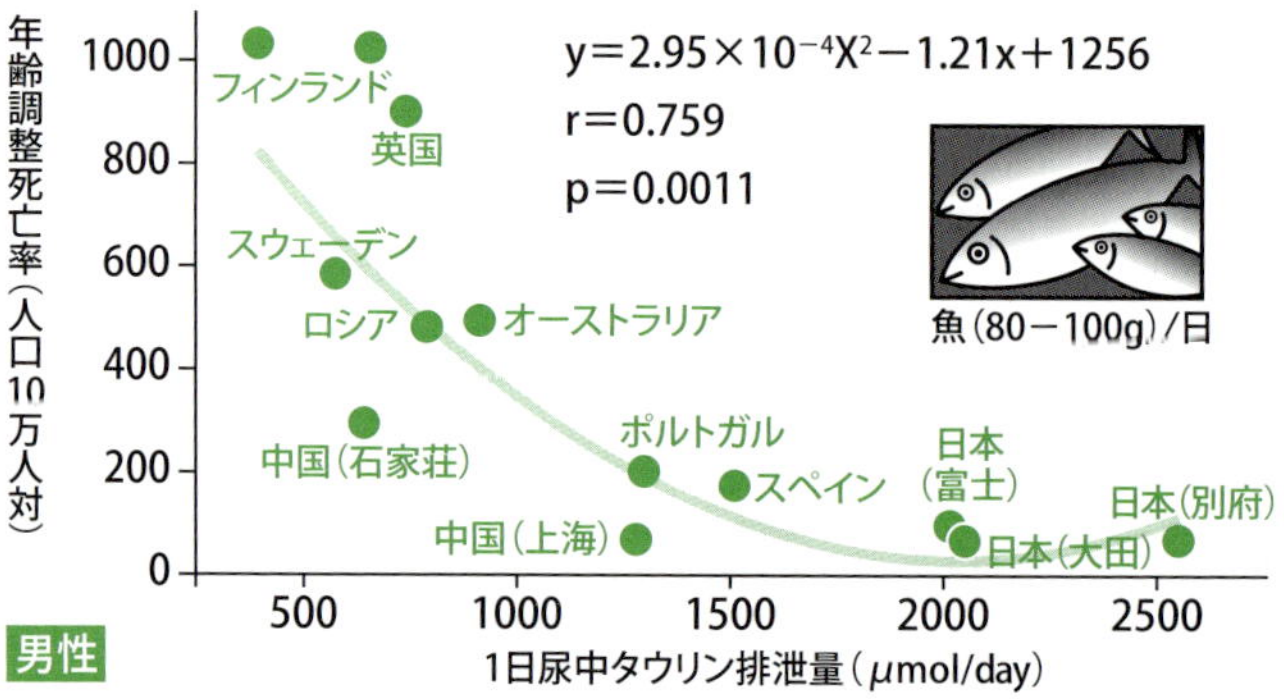

図４－１９　尿中タウリン排泄量と心筋梗塞の年齢調整死亡率

すると考えられます。これらのデータは魚介類を摂取すると心筋梗塞の死亡率が下がり、平均寿命が延びることを示しており、日本人とりわけ日本女性の世界長寿Ｎｏ．１は、日本人の食習慣の特色とも言える魚介類の摂取の多いことによります。さらにこの世界調査でも、心筋梗塞の死亡率と逆相関することを明らかにした大豆の摂取も多く、大豆も心臓死を少なくするといえます。まさに、魚や大豆など日本食の特徴とも言える食材が日本人の健康の基なのです。心臓におけるタウリンの重要な役割は、第３章「心臓とタウリン」も参照してください。

（5）魚を食べないチベット人でわかったタウリンの力

魚と大豆はこれらを常食している日本人の長寿の栄養源であることがわれわれの世界調査でわかってきましたので、これらを食べない国々の人々に和食の栄養源を摂取してもらい、健康を世界に贈るプロジェクトを現在進めています。

ラサの健診でチベットの人々は魚を食べず、食塩摂取も多いので高血圧が多いことがわかりました。そこで、チベットの人々が酷しい政情のため移住しているネパールで、魚の成分であるタウリンをお茶に入れて１日３ｇ摂って貰うことにしました（図４―２０）。場所は高度がラサ

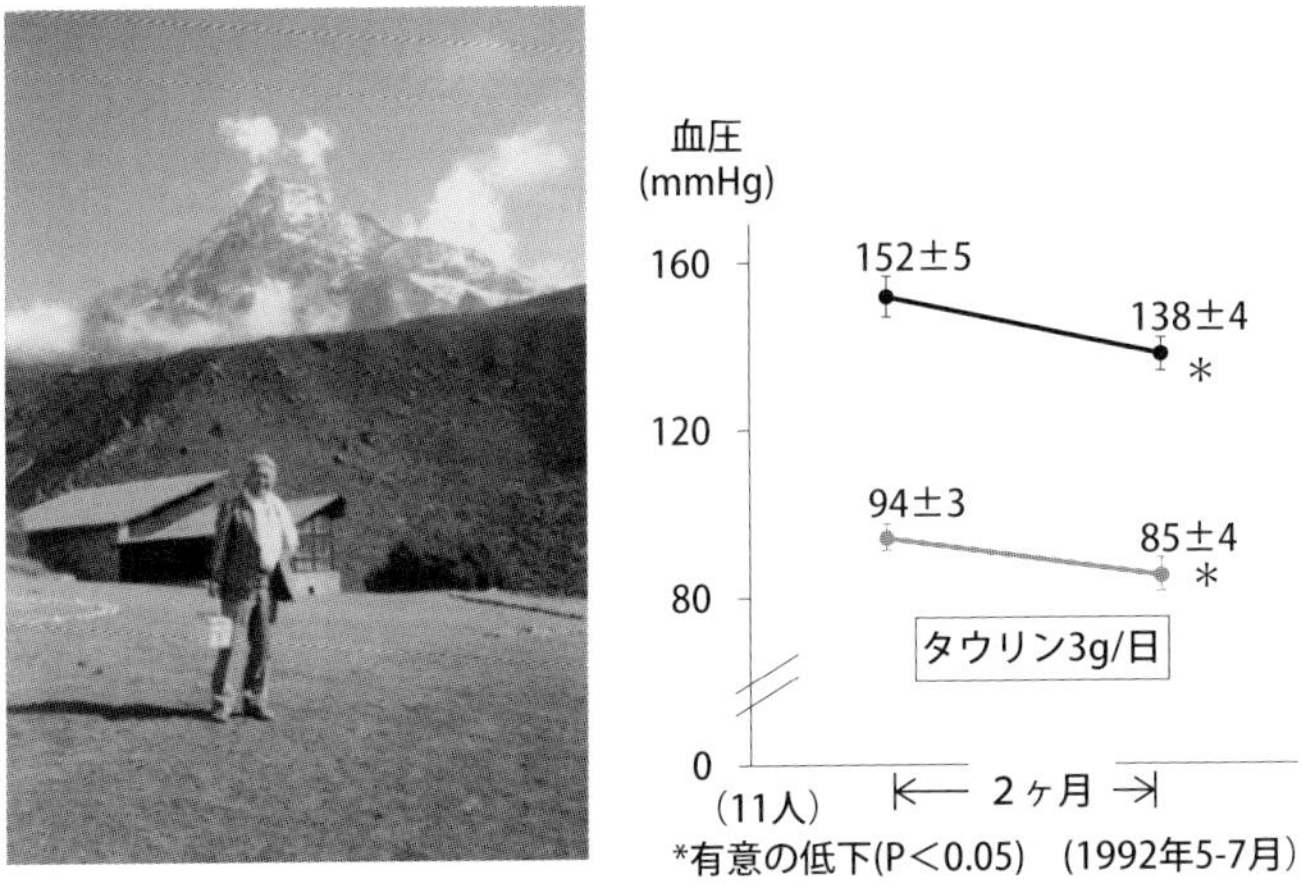

図４－２０　魚成分によるナムチェバザール住民での降圧

とほぼ同じ海抜３４００ｍのヒマラヤ登山口の山村・ナムチュバザールで、この村までは車で行く道がないのでネパール軍のヘリコプターをチャーターして医療器材を空輸しました。われわれの健診を助けてくれたのが、シェルパ族のラクパテンジンさん。かつて女性登山家の今井道子さんのエベレスト登頂を助けた方で、「脳卒中を食事でなくするのは、世界の最高峰エベレストの登頂を目指すのと同じこと、ぜひ助けて欲しい」というわれわれの強い願いを受け入れて下さったのです。あらかじめ健診して血圧の高めの方１１人に、タウリンを２ヶ月間摂り続けてもらったところ、収縮期の血圧が平均１５２から１３８ミリに有意に低下、全員の高血圧が魚の成分タウリンで改善しました。魚を食べない人々では、食塩を摂っていてもなぜタウリンが血圧を下げるのか、その理由も世界中の研究でようやくわかってきました。

（６）タウリンは食塩の害も打ち消すか？

世界中の健診において、２４時間尿で食塩摂取量の多い集団では男性で血圧は有意に高くなり、女性も女性ホルモンが少なくなる更年期以降は食塩が血圧を有意に上げ、脳卒中の年齢調整死亡率は食塩摂取の増加と正相関することが証明されています。つまり、食塩を多く摂取すると血圧が高くなり、脳卒中による死亡のリスクが高くなるわけです。

集団による遺伝的背景の差で食塩の血圧に及ぼす影響が異なる可能性があり、全健診参加者の個人の２４時間尿と血圧との関係を分析し、世界中の人々を食塩摂取の平均以上とそれ未満に分けたところ、食塩摂取の多い人は少ない人よりも男性では収縮期・拡張期血圧とも有意に高く、女性ホルモンの影響がある女性でも収縮期血圧は有意に高いことがわかりました。さらに、世界中の食塩を平均以上摂り、血圧が高めの人を心拍数の平均以上と未満に分けたところ、心拍数が平均以上の人は未満の人よりも有意に血圧が高いことを証明し、食塩過剰摂取で交感神経が抑制され、心拍数が少なくなる人では血圧上昇はしないが抑制がないと血圧が上昇する、すなわち食塩感受性の血圧上昇は交感神経抑制不全によると推定しました（図４―２１）。さらに食塩摂取が平均以上の群で、心拍数が平均以上と平均未満のグループそれぞれを２４時間タウリン排泄量が平均以上と未満とに二分したところ、タウリン摂取の多いグループは未満のグループに比べ血圧が有意に低いことが証明できました。タウリンが充分摂取されていれば、食塩過剰摂取で上がる交感神経亢進を抑えるため血圧上昇が抑制できると考えられます。

将来、食塩摂取量の２４時間尿による判定と心拍数から、その両方が高値の食塩感受性群の判定が可能となれば、そのような食塩感受性の人

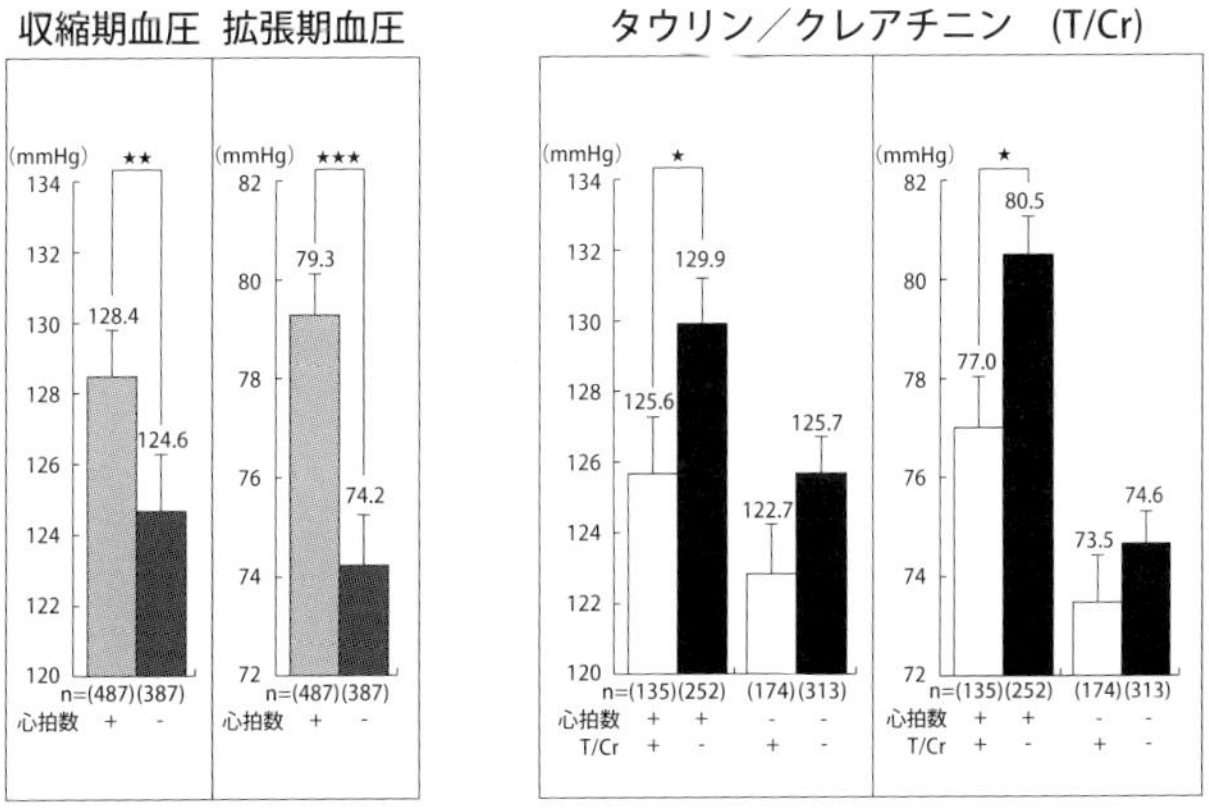

図中、＋：世界平均以上、－：世界平均以下を示す

図４－２１　タウリンによる食塩感受性昇圧の抑制

には減塩と魚介類からのタウリン摂取を勧めるテーラーメイドの食事指導、食育が可能になることが期待できます。

(7) 海の幸、山の恵みで育てられた生命

世界の人々の平均寿命にも大きく影響する、心筋梗塞の死亡率に関係する食事性因子をわれわれの世界調査の結果から分析したところ、タウリンとならんで注目されるのがマグネシウムでした（図4―22）。塩分は脳卒中には関係しますが心筋梗塞には関係せず、むしろ心筋梗塞では肥満や血清コレステロール値が強く関係します。そのうえ24時間尿を調べるとタウリンと同様に、マグネシウムが〝メタボ〟のリスク、肥満、高血圧、脂質異常症の抑制を介して心筋梗塞の死亡率を低下させるよう働くことがわかりました。マグネシウムは生命活動を支える300以上の生体反応の補酵素として働き、細胞内のナトリウム、カリウムがバランスを保つため働くナトリウムポンプも助けます。マグネシウムは細胞内のナトリウムを汲み出すため、高血圧の成因にも関与します。海水に多いため魚介類や海藻に多く、種実類、豆類、大豆、精白されない穀類にも多く含まれます。生命が海に誕生して以来、陸上に上がり人類の先祖になるまで発展した生命進化の長い道程を支えてきたのが海の幸、山の恵みに多い栄養素、タウリン、マグネシウムであると言えます。これらはまさに農耕が始まる以前、一万年もの長い縄

心筋梗塞の食事性因子に関する共分散構造分析

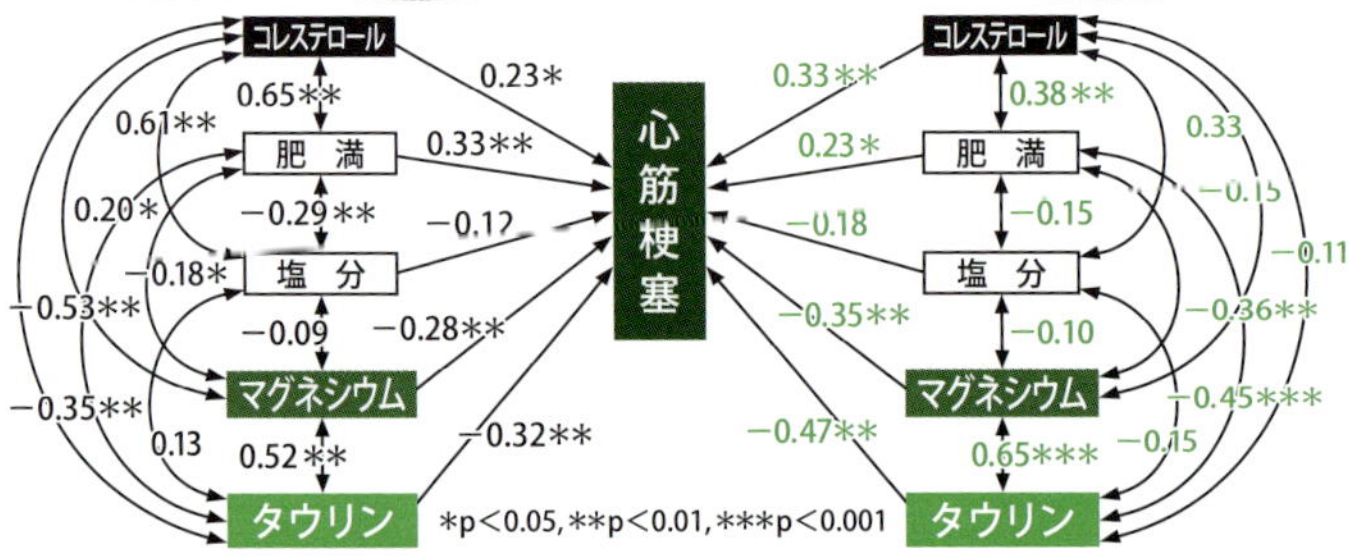

図4－22　CARDIAC 研究・25 年の成果

文時代の貝塚の暮らしで常食していた栄養素で、これが充分に摂取できる食生活は〝メタボ〟にならない健康長寿の食生活なのです。

（８）タウリンが心血管代謝疾患に良いわけ

世界研究でタウリンは魚介類の摂取のマーカーとして活用され、魚介類の摂取による健康効果の疫学的証明に役立っています。世界中でわかったことをまとめると、タウリンは魚介類で多いｎ－３系多価不飽和脂肪酸とともに、中性脂肪上昇を抑制してコレステロールも下げます。これは動物実験でも確かめられています（図４－２３）。タウリンは交感神経の抑制を介して血圧を下げ、食塩感受性高血圧にも有効と考えられますが、和食では魚介食は食塩摂取が増える傾向が強く要注意です。タウリンが次亜塩素酸の中和による抗酸化・抗炎症作用を介して、動脈硬化の抑制、サイトカインを介する肥満の抑制にも働くほか、インスリンの抵抗性の改善にもつながり糖尿病予防にも効果が期待されます。日本人は食生活が欧米化したブラジル在住の日系人に糖尿病が多発していることからも飢餓に強い〝倹約遺伝子〟を有しており、飽食になると糖尿病を発症しやすいと考えられています。超高齢社会を迎え、糖尿病性腎障害による透析患者が増加している今日、心筋梗塞死亡率を現状より増加させない量のタウリンの摂れる、８０～１００ｇ程度の魚介類を摂取するメニューを工夫する必要があります。

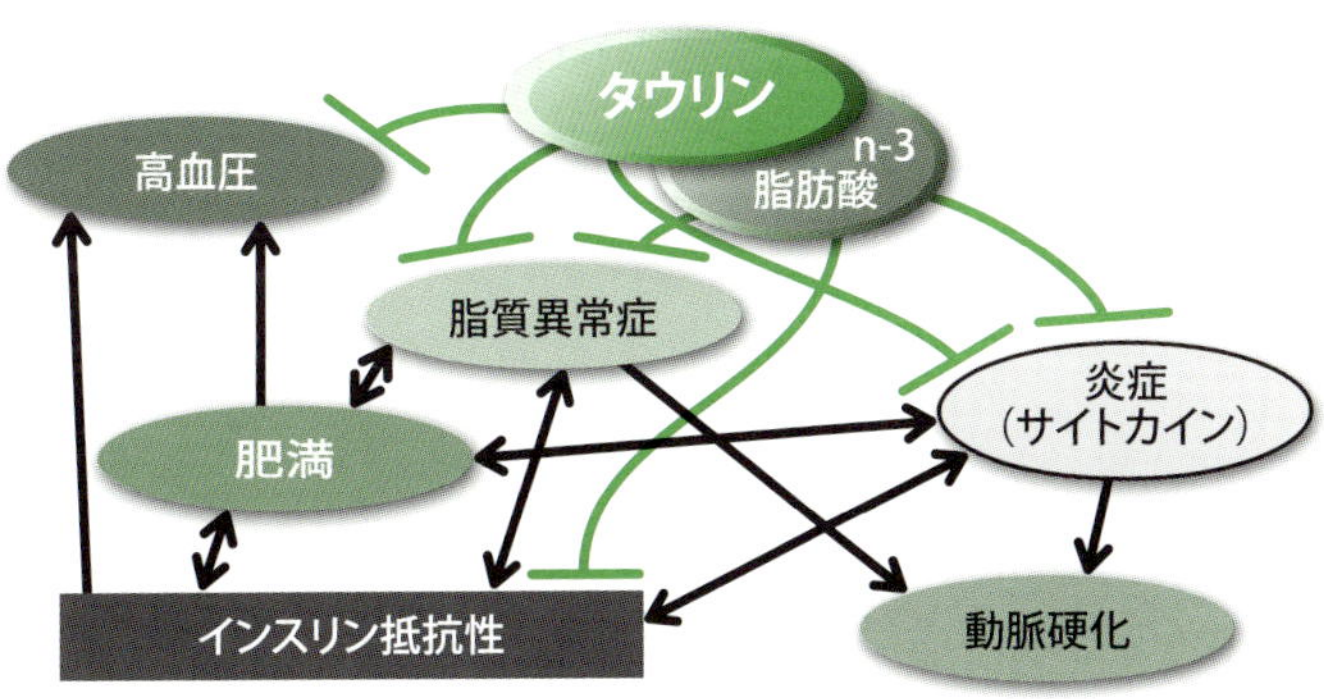

図４－２３　タウリンと心血管代謝疾患のリスク

4. 何を食べるとタウリンが摂れる?

タウリンは植物以外の生物に広く含まれています。タウリンの摂取量を増やすには、タウリンを多く含む魚介類の摂取量を増やすことが重要です。特に魚介類はタウリン以外にも、DHAやEPAなどの多価不飽和脂肪酸など健康に良いとされる栄養素がたくさん含まれているため、毎日でも摂取が勧められている食材です。しかし平成25年国民健康栄養調査でも報告があるように、40歳以下の女性の魚介類の摂取量は肉類より少なく、男性に至っては肉類の半分以下しか食べられていないということが確認できます。

若い世代では、特に食の欧米化にともなって魚食離れが進んでいるようです。子どもを対象にした偏食調査でも、魚嫌いが上位を占めています。子どもの偏食は生まれてからの食体験も影響するので、家庭で食卓にあがる頻度が少なければ食べ慣れないことから魚嫌いになる可能性があると考えられます。

食育では、幼い頃からの食習慣が一生の食習慣に影響を与えると考えられていることから、若い世代の魚介類の摂取量を増加するには、幼少期から魚介類を食べる習慣を身に付けておくことも重要だと考えられています。

研究所が淡路島の小学校と協力して行った食育研究では、小学生に〝まごはやさしい〟(表4―1)の食材を毎日食べると食事バランスが良くなると教えました。

表4－1 “まごはやさしい”の食材について

ま	ご	は(わ)	や	さ	し	い
大豆製品	ごま等の種実類	わかめ等の海藻類	野菜類	魚介類	しいたけ等のキノコ類	いも類

すると食育したグループの24時間採尿中のタウリン量が多くなったという結果があります。毎日魚介類を何か食べようと意識するだけでも、摂取量が増えるのです。

また一昔前の栄養指導では、コレステロール値の高い人にはイカ、タコ、エビなどコレステロールを多く含む魚介類摂取の規制がされていましたが、前にも述べていますように魚介類はコレステロール値を低下させるだけでなく中性脂肪も低下させ、脂質異常の予防に役立つことがわかっています。その一因としてタウリンが注目されています。

では効率よくタウリンを摂取するには、どのようにすれば良いかのポイントについて述べたいと思います。まずタウリンは魚介類の種類によって含有量が違いますので、なるべく多く含む種類を選ぶことが重要です（表4―2）。水溶性であるため水に溶けやすく、煮汁も有効利用できるような料理が最適だと考えられます。

5. タウリンたっぷりお勧め料理

（1）献立のポイント

なるべく普通の食事をしながらタウリン摂取を心がけたいと思われる方に、とても簡単な料理の作り方を提案させて頂きました。基本的に健康料理は適脂適塩

表4－2　タウリンを多く含む魚介類

食品100gあたりのタウリン含有量（mg）

真ダコ	593	ホタテ（内転筋）	669	トリガイ	372
トコブシ	1250	ホタテ	116	ヤリイカ	342
牡蠣（かき）	1178	ミル貝	638	アサリ	211
サザエ	945	ホッキガイ	596	真アジ	206
ブリ（血あい）	673	赤貝	472	車海老	199
ブリ	187	ズワイガニ	450	マグロの赤身	32

辻啓介　他：含硫アミノ酸 1984; 7: 249-24-55
小沢昭夫　他：日本栄養・食糧学会誌 1984; 37: 561-567

でなければいけません。適脂適塩とは、適切な脂質の量と適切な塩分量ということです。ご飯と様々な食材を一緒に食べる和食は、日本人の体質に合った食事なのですが、塩分が多い点が唯一の欠点とされていました。塩分は生きていく上で必要ではありますが、摂りすぎると高血圧や脳卒中の原因になってしまいますので、和食を適塩で食べるような食べ方は重要です。また、日常の食事が欧米化している昨今では、脂質の摂りすぎが肥満や動脈硬化の原因としてあげられています。加えて糖尿病までも引き起こすという報告もあることから、脂質摂取も生きている上で必要ですが、その量と質が問題となってきています。ですので、ここでは適脂適塩でタウリンたっぷりの料理をご紹介したいと思います。

ホタテの炊込みごはん

作り方

①お米は洗っておく。
②シメジは、石付きを取り、食べやすい大きさに切る。
③ホタテは、下処理をした後、ヒモの部分は、食べやすい大きさに切る。
④切干大根は、気になる汚れは軽く洗い、キッチンばさみでカットする。
⑤炊飯釜にお米を入れ、水加減をした後、②～④の材料を入れ、カツオ粉、酒を入れて、炊飯する。
⑥生姜は、すりおろし、炊飯後、全体にまんべんなくいきわたるように混ぜ合わせる。
⑦ご飯茶碗に盛り付け、トッピングに青ネギを散らす。

材料（２人分）

白米	１合
ホタテ	３ケ（100g）
しめじ	１株（200g）
切干大根	30g
カツオ粉	小さじ 1/2
酒	大さじ１
生姜	１カケ（10g）
青ネギ	適量

＊献立の栄養価＊

１人分	エネルギー(kcal)	タンパク質(g)	脂質(g)	炭水化物(g)	カリウム(mg)	カルシウム (mg)	マグネシウム(mg)	鉄(mg)	亜鉛(mg)	葉酸(μg)	食塩相当量(g)	タウリン(mg)
ホタテの炊き込みご飯	386	15	2	76	931	103	82	3.6	3	89	0.5	335-503

牡蠣の豆乳グラタン

作り方

①玉ねぎは薄切りにし、オリーブオイルで柔らかくなるまで炒める。

②玉ねぎが柔らかくなったら小麦粉を玉ねぎに絡め、豆乳を入れて混ぜ合わせ、焦げないように弱火で火を通し、全体にとろみが付いたら火を止める。

③耐熱容器に下処理をした牡蠣を入れ、コショウを振った後、②のソースを入れ、とろけるチーズ、バジルをふってから、180度のオーブンで焦げ目が付くまで焼き上げる。

④トッピングにカットした水菜をのせて出来上がり。

材料（2人分）

牡蠣	100g（殻なし）
たまねぎ	150g
豆乳	200cc
小麦粉	大さじ1
オリーブ油	小さじ1
コショウ	適量
とけるチーズ	約大さじ1
水菜	適量
乾燥バジル	適量

＊献立の栄養価＊

1人分	エネルギー(kcal)	タンパク質(g)	脂質(g)	炭水化物(g)	カリウム(mg)	カルシウム (mg)	マグネシウム(mg)	鉄(mg)	亜鉛(mg)	葉酸(μg)	食塩相当量(g)	タウリン(mg)
牡蠣の豆乳グラタン	173	10	7	15	431	145	74	2.5	7	76	1.0	590

（2）献立の解説

タウリンは１日３００㎎の摂取が推奨されますが、どちらの献立も１人分でタウリン３００㎎の摂取が可能です。ホタテの炊き込みご飯は主食になります。この主食はお野菜やキノコ類が十分含まれているので、ご飯茶碗１杯でも十分満腹感を味わうことができると思います。また切干大根や削り粉の旨みを生かしたので、適塩になっています。具たくさん味噌汁と一緒で、よりバランスの良い食事として食べて頂くことが可能な献立となります。

また牡蠣の豆乳グラタンも、この一品で主菜と副菜が兼ねられていますので、主食のご飯ともう一品副菜としてサラダなどを付けていただくと、バランスの良い食事として食べて頂くことが可能です。ホワイトソースを牛乳とバターではなく、豆乳とオリーブオイルで作ることでチーズを使っている割には脂質のバランスが良くなっているのもポイントです。玉ねぎに小麦粉をまぶしてから豆乳を加えることで、簡単にダマにならないホワイトソースが作れます。

今回はホタテや牡蠣を使いましたが、他の魚介類でも美味しく作ることができます。是非、ご家庭でタウリンたっぷりオリジナルメニューを作ってみて下さい。

（3）さいごに

さて、タウリンがたっぷり摂れる料理について、ご参考いただけたかと思いま

水に溶けやすいから、
煮汁まで味わったほうが
タウリンを効率的に摂れるよ

レシピを参考に作ってみてね！

すが、いったいどのくらいのタウリンを1日に摂れば良いのでしょうか？
１６２ページのWHO CARDIAC Studyの世界２５ヶ国６１地域の２４時間採尿中のタウリンのグラフから導き出すと、心筋梗塞の予防に十分な尿中タウリン量は１８００μｍｏｌくらいになります。この尿中のタウリン量を食事からの摂取量に換算すると、以前大学生を対象に行った摂取試験の結果から約３００㎎／日となり、この値は日本人の成人が1週間に7回以上、魚介類を摂取している集団と同じ量に値します。この1週間に7回以上という頻度は、1日1回は魚介類が主菜の食事を摂れば摂取が可能になりますので、毎日1回は〝まごはやさしい〟を食べることを推奨する食育の考え方が当てはまっていることが確認できます。
また、タウリンは水溶性の栄養素であるため、一度に大量に食べるよりも日々継続して食べ続けることが良い栄養素ですので、毎日魚介類を摂取することは利に叶っていると言えます。
毎日魚介類を摂取することでタウリン３００㎎／日摂取が可能となるように、意識することで生活習慣病知らずの健康長寿を目指しましょう。

おわりに

世界中のさまざまな領域の研究者が異なる観点からタウリンにアプローチし、これまでに多くのデータが蓄積されてきました。本文で解説したように、タウリンは元をたどれば生物の進化と関係し、生体の恒常性維持作用を担っている重要な物質であることが明らかとなってきました。しかしタウリンがどこにどのように作用し、恒常性維持作用が生み出されるのか、まだぼんやりとしていて誰も明確な答えを示すことができていません。また、培養細胞や動物で見られるタウリンの作用がヒトでも認められるのかどうかの証明なども含め、タウリンの真の姿を明らかにしていくことが必要です。同時に、タウリンの持つ多彩な作用を生かした産業利用の拡大にも注目していきたいと思います。

２０１４年に「国際タウリン研究会」が設立されたおかげで、日本のタウリン研究者が集結し、情報交換や情報共有ができるようになった結果、「読んで効くタウリンのはなし」としてタウリンの作用をまとめることができました。執筆をしていただいたタウリン研究会の先生方に感謝いたします。また、タウリン研究の第一人者として研究会の設立に尽力された国際タウリン研究会の初代理事長、故・

これからも日夜
タウリンに関する
研究は続いていくよ

東純一先生にも感謝申し上げます。この本を通してタウリンとは何か、最先端の正確な情報をさまざまな人たちに伝えることが可能になりました。最後に、本書の出版の機会を与えていただきました成山堂書店の小川典子社長にお礼申し上げます。

国際タウリン研究会日本部会理事長　村上　茂

索引

【欧文】

【ア行】

【カ行】

参考文献

タウリン　その代謝と生理・薬理作用　岩田平太郎、栗山欣弥著　医歯薬出版
昭和５０年
運動生理学２０講　第３版　勝田茂、征矢英昭編　朝倉書店　平成２７年
改訂　魚類の栄養と飼料　渡邉武編　恒星社厚生閣　平成２１年
水産海洋ハンドブック　第３版　竹内俊郎他編著　生物研究社　平成２８年
増補改訂版　養殖の餌と水　杉田治男編　恒星社厚生閣　平成２６年
動物栄養学　奥村純市・田中桂一編　朝倉書店　平成７年
動物の栄養　第2版　唐沢豊・菅原邦生編　文永堂出版　平成２８年
Dietary supplements for the health and quality of cultured fish. H.Nakagawa,
M.Sato, D.M.Gatlin III CAB International 2007
ヒラメの生物学と資源培養　南卓志・田中克編　恒星社厚生閣　平成９年
ミトコンドリアのちから　瀬名秀明・太田成男著　新潮社　平成１９年

【タウリン研究会日本部会】

タウリン研究会日本部会は、故・東純一先生（大阪大学名誉教授、兵庫医療大学名誉教授）を中心に2014年に設立されました。日本は世界でもタウリン研究が盛んであり、医学、薬学、農学、理学、工学、体力科学、栄養学、水産学、獣医学など、さまざまな領域で研究が進められています。

本研究会の設立により、タウリン研究者が一同に会し、成果の発表や情報交換を行うことが可能になりました。また、2016年に立ち上がったタウリンの国際組織「International Taurine Society」とも連携し、タウリンの作用の解明、医療・産業への利用、一般生活者への情報提供を推進しています。

【監修者】

村上　茂　むらかみ しげる　第1章、第2章2

生　　年：1956年
最終学歴：京都大学大学院農学研究科（薬学博士）
勤 務 先：福井県立大学生物資源学部 教授

【編著者】（50音順、敬称略）

伊藤 崇志　いとう たかし　第2章3、5　第3章3

生　　年：1978年
最終学歴：大阪大学大学院薬学研究科（薬学博士）
勤 務 先：兵庫医療大学薬学部 講師

井前 正人　いまえ まさと　第2章4

生　　年：1977年
最終学歴：東京大学大学院農学生命科学研究科（農学博士）
勤 務 先：大正製薬株式会社セルフメディケーション研究開発本部商品開発部

太田 成男　おおた しげお　第3章6

生　　年：1951年
最終学歴：東京大学大学院薬学系研究科（薬学博士）
勤 務 先：日本医科大学大学院医学研究科細胞生物学分野 教授

砂田 芳秀　すなだ よしひで　第３章６

生　　年：1957 年
最終学歴：岡山大学医学部医学科（医学博士）
勤 務 先：川崎医科大学神経内科学 教授

竹内 俊郎　たけうち としお　第３章１

生　　年：1949 年
最終学歴：東京水産大学大学院水産学研究科（農学博士）
勤 務 先：東京海洋大学 学長

栃谷 史郎　とちたに しろう　第３章２

生　　年：1972 年
最終学歴：総合研究大学院大学生命科学研究科（理学博士）
勤 務 先：福井大学子どものこころの発達研究センター 特命助教

福田 敦夫　ふくだ あつお　第３章５

生　　年：1957 年
最終学歴：九州大学大学院医学系研究科（医学博士）
勤 務 先：浜松医科大学医学部神経生理学講座 教授

宮﨑 照雄　みやざき てるお　第２章１、５　第３章４

生　　年：1973 年
最終学歴（学位など）：筑波大学大学院医科学研究科（医学博士）
勤 務 先：東京医科大学茨城医療センター共同研究センター 講師

森　 真理　もり まり　第４章

最終学歴：京都工芸線維大学（学術博士）
勤 務 先：武庫川女子大学国際健康開発研究所 講師

家森 幸男　やもり ゆきお　第４章

生　　年：1937 年
最終学歴：京都大学大学院医学研究科（医学博士）
勤 務 先：武庫川女子大学国際健康開発研究所 所長、教授

読《よ》んで効《き》くタウリンのはなし
定価はカバーに表示してあります。

平成28年11月8日　初版発行

監修者　村上《むらかみ》　茂《しげる》
編著者　国際《こくさい》タウリン研究会《けんきゅうかい》日本部会《にほんぶかい》
発行者　小川　典子
印　刷　三和印刷株式会社
製　本　東京美術紙工協業組合

発行所 株式会社 成山堂書店
〒160-0012　東京都新宿区南元町4番51　成山堂ビル
TEL：03(3357)5861　FAX：03(3357)5867
URL　http://www.seizando.co.jp
落丁・乱丁本はお取り換えいたしますので，小社営業チーム宛にお送りください。

©2016　Shigeru Murakami, Society for Taurine Research
Printed in Japan　ISBN 978-4-425-89011-8

成山堂書店　書籍のご案内

みんなが知りたいシリーズ①
海藻の疑問50

日本藻類学会　編
四六判176頁　定価 1,600円（税別）

Q.海藻ってどんな生きもの？
Q.コンブのだしはなぜ海水中で溶け出さないの？
Q.アイスクリームに海藻が使われているってホント？
など、知ってるようで知らない50の疑問に、海藻の専門家18名がわかりやすく解答。読めばあなたも海藻博士！

水族館発！みんなが知りたい釣り魚の生態
―釣りのヒントは水族館にあった！？―

海野徹也・馬場宏治　編著
B5判160頁　定価 2,000円（税別）

毎日、水族館の飼育員として様々な角度から魚を観察しているからこそ分かる魚の生態を、29名の“アングラー飼育員”がこれまでにない視点で紹介。それぞれの目線と思考で、日常業務のなかで見た、試した、実践した釣り魚の情報が満載です。

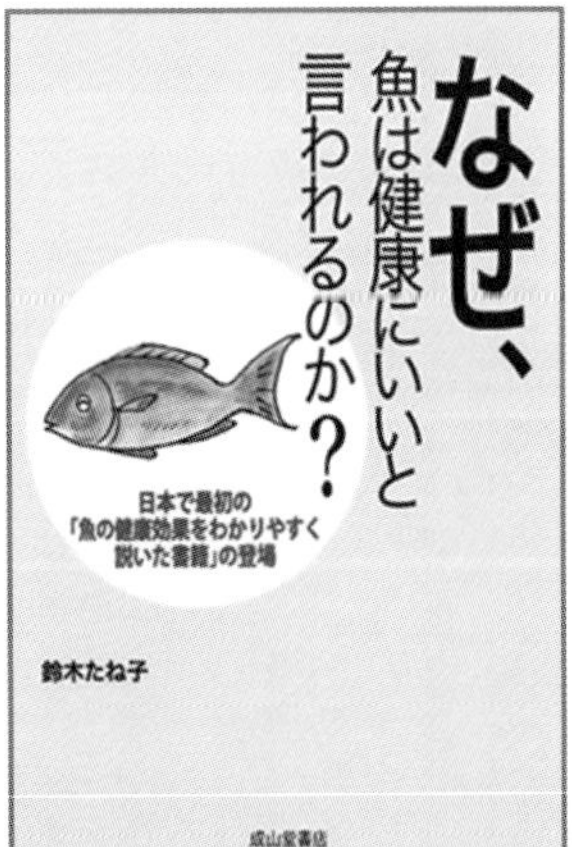

なぜ、魚は健康にいいと言われるのか？

鈴木たね子 著
四六判194頁　定価 1,800円（税別）

魚が人間の身体に与える健康効果は広く語られています。しかし、どんな魚をどのようにして食べればよいか、あるいは、数多く語られる健康効果の根拠を科学的にわかりやすく解説した書籍はありません。本書は日本で初の「魚の健康効果をわかりやすく説いた書籍」です。